职业教育先进制造类产教融合新形态教材
"十四五"职业教育江苏省规划教材

"十三五"江苏省高等学校重点教材

（编号：2018-2-160）

修订版

三菱 FX5U 可编程控制器与触摸屏技术

第 2 版

主　　编　宋黎菁

副主编　贾君贤　王一凡

参　　编　黄晓伟　王浩强　杨弟平

机械工业出版社

本书是常州纺织服装职业技术学院与三菱电机自动化（中国）有限公司合作编写的产教融合新形态教材。本书编写基于工作导向的项目化教学改革方向，引入行业企业典型、实用、操作性强的工程项目，充分发挥行动导向教学的示范辐射作用，可作为高职高专院校自动化类相关专业的教材，也可供"双师型"教师和工控技术人员参考。

本书采用项目化编写方式，由 5 个项目组成，主要内容包括：FX5U PLC 与触摸屏入门，FX5U PLC 内置模块与触摸屏的典型应用，FX5U PLC、触摸屏与变频器的典型应用，FX5U PLC、触摸屏与伺服电动机的典型应用，FX5U PLC、触摸屏与 FX5-40SSC-S 运动控制模块的典型应用。每个项目由 3~5 个训练任务组成，引领读者学习和实践由三菱触摸屏、FX5U PLC、变频器、伺服驱动器、通信协议等集成的小型工控系统，指导读者亲手打造自己的实验室，完成"任务了解→PLC 程序设计→触摸屏界面设计→联机调试→评价提高"的学习过程，在体验任务成功的喜悦中，使读者逐步实现成为工控高手的梦想。

为方便教学，本书配有电子课件、教学视频等，凡选用本书作为教材的教师，均可来电索取。联系电话：010-88379375。

图书在版编目（CIP）数据

三菱 FX5U 可编程控制器与触摸屏技术/宋黎菁主编 . —2 版 . —北京：机械工业出版社，2024.5

职业教育先进制造类产教融合新形态教材

ISBN 978-7-111-75743-6

Ⅰ. ①三… Ⅱ. ①宋… Ⅲ. ①可编程序控制器-高等职业教育-教材 ②触摸屏-高等职业教育-教材 Ⅳ. ①TP332.3 ②TP334.1

中国国家版本馆 CIP 数据核字（2024）第 089514 号

机械工业出版社（北京市百万庄大街 22 号　邮政编码 100037）
策划编辑：高亚云　　　　　　　责任编辑：高亚云
责任校对：龚思文　牟丽英　　　封面设计：鞠　杨
责任印制：李　昂
唐山楠萍印务有限公司印刷
2024 年 7 月第 2 版第 1 次印刷
184mm×260mm · 11.5 印张 · 282 千字
标准书号：ISBN 978-7-111-75743-6
定价：37.00 元

前　言

工业是一个国家经济发展的命脉和支柱，实现中华民族伟大复兴离不开制造业的繁荣和发展。当前，我们正经历以数字化、智能化为核心的新一轮工业革命，制造业向着智能化、网络化、信息化发展。PLC 是工业控制系统的核心元件，行业发展离不开精通 PLC 编程、熟悉 PLC 电气程序设计、能够安装和调试 PLC 的高素质技术技能人才，因此依照高等职业教育自动化类专业的人才培养目标，同时兼顾其他专业的培养方案，贯彻"三教"改革要求，编写本书。

为更好地适应人才培养需要及企业用人需要，本书凸显以下特色：

1）以立德树人为基，力求启迪增慧：PLC 应用技术是自动化类相关专业的核心课程，本书深入挖掘本课程的素质教育资源，以知识传授为明线，技术训练为隐线，素养提升为本源，使学生掌握知识体系的同时，锻炼动手操作能力，培育团结协作精神，培养安全操作意识，提高职业素养。

2）以典型项目为纲，整合教学内容：以 5 个项目、18 个典型任务引领读者学习和实践由三菱触摸屏、FX5U PLC、变频器、伺服驱动器、通信协议等集成的小型工控系统，每个任务基于任务目标、任务描述、任务训练、任务考核、练习与提高完整的行动导向，完成"任务了解→PLC 程序设计→触摸屏界面设计→联机调试→评价提高"的进阶，在体验任务成功的喜悦中，使读者逐步实现成为工控高手的梦想，在"中国梦"道路上大显身手。

3）以双元开发为核，坚持产教融合：本书由常州纺织服装职业技术学院与三菱电机自动化（中国）有限公司合作开发，在编写过程中，坚持企业"典型性、实用性、先进性、操作性"应用案例进教材的原则，围绕 FX5U PLC，分别以触摸屏、变频器、伺服驱动器通信控制典型案例为工作任务，将行业企业典型、实用、操作性强的工程项目引入教材，涵盖了工控系统集成所需的知识与技能，进行了循序渐进的工作导向描述。

4）以信息技术为辅，赋能教材建设：本书充分发挥信息化优势，建有在线课程，教师可登录超星学习通引用课程示范教学包，便于混合式教学的开展。此外，本书将教学操作中的重难点开发成教学演示二维码，读者可通过"扫一扫"自主学习。本书配有电子课件、PLC 编程软件、触摸屏编辑软件、教学视频、教学案例等，为"教"和"学"提供了生动、直观、便捷、立体的教学资源。

本书由常州纺织服装职业学院宋黎菁担任主编，贾君贤、王一凡担任副主编，黄晓伟、王浩强、三菱电机自动化（中国）有限公司杨弟平参与编写。具体编写分工如下：宋黎菁编写了项目 1，项目 2 的任务 3，项目 3 的任务 2 ~5 及项目 4；贾君贤编写了项目 2 的任务 2、任务 4；王一凡编写了附录；黄晓伟编写了项目 5；王浩强编写了项目 2 的任务 1；杨弟平编写了项目 3 的任务 1。全书由宋黎菁统稿。全书教学时数为 90 学时左右。

限于编者水平，书中难免有疏漏和错误之处，恳请读者批评指正。

编　者

二维码清单

名称	图形	页码	名称	图形	页码
GX Works3 程序的创建与下载		10	以太网监控任务发布		40
GT Designer3 工程创建		20	以太网通信 PLC 程序下载		40
GT Designer3 工程的下载		25	触摸屏的设置与程序下载		43
GX 程序的仿真		30	以太网通信联机调试		46
GT 触摸屏与 GX 程序的仿真联调		35	练习与提高——以太网地址的修改		47

目　录

项目1

FX5U PLC与触摸屏入门

工业自动化控制主要利用电子电气、机械装置与软件组合实现，主要设备包括PLC（可编程控制器）、触摸屏、变频器、伺服器、传感器等。本项目主要介绍三菱 FX5U PLC、三菱主流触摸屏机种型号及编程软件的使用。

任务1　认识 FX5U PLC 及编程软件 GX Works3

1. 认识 FX5U PLC，掌握其各组成部分的功能及输入/输出接口电路。
2. 掌握 GX Works3 编程软件的安装、工程建立及下载。

任务描述

三菱电机小型可编程控制器 MELSEC iQ-F 系列（FX5U 系列），以其基本性能的提升、与驱动产品的连接、软件环境的改善为亮点。作为 FX3U 系列 PLC 的升级产品，FX5U PLC 显得小而精。与 FX3U 系列 PLC 相比，FX5U PLC 的系统总线速度提升了 150 倍，最大可扩展 16 块智能扩展模块，内置 2 入 1 出模拟量功能，内置以太网接口及 4 轴 200kHz 高速定位功能。

1　认识三菱 FX5U PLC

三菱电机小型可编程控制器 FX5U 系列基本单元主要分为 FX5UJ（入门型）、FX5U（标准型）和 FX5UC（紧凑型）。以 FX5U 为例，采用螺钉式端子排，最大控制规模为 384 点，具有 64K 步程序存储器、12 位 2 通道 A/D 和 1 通道 D/A 内置模拟量输入/输出模块、最大 4GB 内置 SD 卡插槽、内置以太网端口、内置 RS-485 端口、独立的 4 轴 200kHz 的脉冲输出内置定位模块、最大 8 通道 200kHz 高速脉冲输入内置高速计数器。FX5UC 与之相比，采用弹簧夹端子排，未配置 12 位 2 通道 A/D 和 1 通道 D/A 内置模拟量输入/输出模块，其他性能参数均一致。FX5UJ 与之相比，控制规模最大缩减为 256 点，脉冲输出内置定位模块数量缩减为 3 轴，未配置 12 位 2 通道 A/D 和 1 通道 D/A 内置模拟量输入/输出模块、内置 RS-485 端口，增设内置

USB（Mini‑B）端口，其他性能参数均一致。FX5U 系列产品如图 1‑1 所示。

图 1‑1　FX5U 系列产品

2　了解三菱 FX5U PLC 各种模块单元

FX5U PLC 采用一体化的箱体式结构，所有电路都装在一个箱体内，体积小、结构紧凑、安装方便。FX5U 系列的产品由 CPU 基本模块、I/O 扩展单元、智能功能模块和扩展模块等模块单元构成。CPU 基本模块内有存储器和 CPU，为必用装置。I/O 扩展单元是在增加 I/O 点数时使用的装置，利用它可以以 8 位单元增加 I/O 点数，也可以只增加输入点数或只增加输出点数，扩展后最大输入/输出点数为 256 点。

（1）FX5U PLC 的 CPU 基本模块

FX5U　　－　　□□　　　　M　　　　□/□
系列序号　　　　I/O 总点数　　CPU 基本模块　　电源输入/输出形式

CPU 基本模块型号见表 1‑1。

表 1‑1　CPU 基本模块型号

I/O 总点数	输入点数	输出点数	AC 电源　 DC 24V（漏型/源型）输入		
			继电器输出	晶体管（漏型）	晶体管（源型）
32	16	16	FX5U‑32MR/ES	FX5U‑32MT/ES	FX5U‑32MT/ESS
64	32	32	FX5U‑64MR/ES	FX5U‑64MT/ES	FX5U‑64MT/ESS
80	40	40	FX5U‑80MR/ES	FX5U‑80MT/ES	FX5U‑80MT/ESS

型号说明：

1）R/ES：AC 电源/DC 24V（漏型/源型）输入/继电器输出。

2）T/ES：AC 电源/DC 24V（漏型/源型）输入/晶体管（漏型）输出。

3）T/ESS：AC 电源/DC 24V（漏型/源型）输入/晶体管（源型）输出。

（2）FX5U PLC 的 I/O 扩展单元

FX5　　－　　□□　　　　E　　　　□/□
系列序号　　　　I/O 总点数　　扩展单元　　　输入/输出形式

I/O 扩展单元型号见表 1-2。

表 1-2　I/O 扩展单元型号

型号	输入/输出点数			输入形式	输出形式
	合计点数	输入点数	输出点数		
FX5 – 8EX/ES	8 点	8 点	—	DC 24V（漏型/源型）	—
FX5 – 16EX/ES	16 点	16 点	—	DC 24V（漏型/源型）	—
FX5 – 8EYR/ES	8 点	—	8 点	—	继电器
FX5 – 8EYT/ES	8 点	—	8 点	—	晶体管（漏型）
FX5 – 8EYT/ESS	8 点	—	8 点	—	晶体管（源型）
FX5 – 16EYR/ES	16 点	—	16 点	—	继电器
FX5 – 16EYT/ES	16 点	—	16 点	—	晶体管（漏型）
FX5 – 16EYT/ESS	16 点	—	16 点	—	晶体管（源型）
FX5 – 32ER/ES	32 点	16 点	16 点	DC 24V（漏型/源型）	继电器
FX5 – 32ET/ES	32 点	16 点	16 点	DC 24V（漏型/源型）	晶体管（漏型）
FX5 – 32ET/ESS	32 点	16 点	16 点	DC 24V（漏型/源型）	晶体管（源型）

（3）FX5U PLC 智能功能模块和扩展模块

智能功能模块和扩展模块型号见表 1-3。

表 1-3　智能功能模块和扩展模块型号

区　分	型　号	名　称	输入/输出占用点数	外部 DC 24V 耗电
定位模块	FX5 – 40SSC – S	4 轴控制（支持 SSCNET /H）	8 点	250mA
	FX3U – 1PG	单独控制 1 轴用的脉冲输出	8 点	40mA
FX3 模拟量模块	FX3U – 4AD	4 通道电压输入/电流输入	8 点	90mA
	FX3U – 4DA	4 通道电压输出/电流输出	8 点	160mA
	FX3U – 4LC	4 通道温度调节（测温电阻/热电偶/低电压），4 点晶体管输出	8 点	50mA
FX3 网络模块	FX3U – 16CCL – M	CC – Link 用主站	8 点	240mA
	FX3U – 64CCL	CC – Link 用智能设备站	8 点	220mA
	FX3U – 128ASL – M	AnyWireASLink 用主站	8 点	100mA
扩展板	FX5 – 232 – BD	RS – 232C 通信用	—	—
	FX5 – 485 – BD	RS – 485 通信用	—	—
	FX5 – 422 – BD – GOT	RS – 422 通信用（GOT 连接用）	—	—
扩展适配器	FX5 – 4AD – ADP	4 通道电压输入/电流输入	—	—
	FX5 – 4DA – ADP	4 通道电压输出/电流输出	—	160mA
	FX5 – 232ADP	RS – 232C 通信用	—	—
	FX5 – 485ADP	RS – 485 通信用	—	—
总线转换模块	FX5 – CNV – BUS	从 CPU 模块、FX5 扩展模块或 FX5 智能功能模块进行总线转换，用于连接 FX3 扩展模块的模块	8 点	—

3 掌握 FX5U PLC 各组成部分及功能内容

1）FX5U PLC 正面组成部分结构示意图如图 1-2 所示。正面各部位名称及对应功能内容见表 1-4。

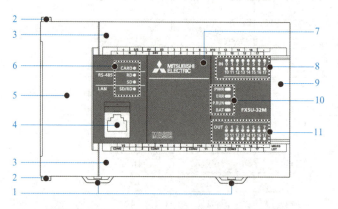

图 1-2　FX5U PLC 正面组成部分结构示意图

表 1-4　正面各部位名称及对应功能内容

编号	名　　称	功　能　内　容
1	DIN 导轨安装用卡扣	用于将 CPU 基本模块安装在 DIN46277（宽度 35mm）的 DIN 导轨上的卡扣
2	扩展适配器连接用卡扣	连接扩展适配器时，用此卡扣固定
3	端子排盖板	保护端子排的盖板。接线时可打开此盖板作业 运行（通电）时，关上此盖板
4	内置以太网通信用连接器	用于连接支持以太网的设备的连接器（带盖） 详细内容参考 MELSEC iQ－F FX5 用户手册（以太网通信篇）
5	上盖板	保护 SD 存储卡槽、RUN/STOP/RESET 开关等的盖板 内置 RS－485 通信用端子排、内置模拟量输入/输出端子排、RUN/STOP/RESET 开关、SD 存储卡槽等位于此盖板下
6	CARD LED	显示 SD 存储卡是否可以使用 灯亮：可以使用，或不可拆下 闪烁：准备中 灯灭：未插入，或可拆下
	RD LED	用内置 RS－485 通信接收数据时灯亮
	SD LED	用内置 RS－485 通信发送数据时灯亮
	SD/RD LED	用内置以太网通信收发数据时灯亮
7	连接扩展板用的连接器盖板	保护连接扩展板用的连接器、电池等的盖板 电池安装在此盖板下
8	输入显示 LED	输入接通时灯亮
9	次段扩展连接器盖板	保护次段扩展连接器的盖板 将扩展模块的扩展电缆连接到位于盖板下的次段扩展连接器上

（续）

编号	名　称	功　能　内　容
10	PWR LED	显示 CPU 模块的通电状态 灯亮：通电中 灯灭：停电中，或硬件异常
	ERR LED	显示 CPU 模块的错误状态 灯亮：发生错误中，或硬件异常 闪烁：出厂状态，发生错误中，硬件异常，或复位中 灯灭：正常动作中
	P. RUN LED	显示程序的动作状态 灯亮：正常动作中 闪烁：PAUSE 状态 灯灭：停止中，或发生停止错误中
	BAT LED	显示电池的状态 闪烁：发生电池错误中 灯灭：正常动作中
11	输出显示 LED	输出接通时灯亮

　　2）打开正面盖板，盖板下其内部各部位组成示意图如图 1-3 所示，各部位名称及对应功能内容见表 1-5。

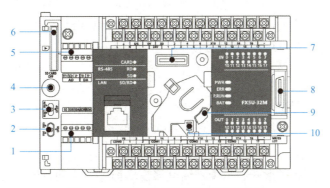

图 1-3　正面盖板下各部位组成示意图

表 1-5　正面盖板下各部位名称及功能内容表

编号	名　称	内　容
1	内置 RS－485 通信用端子排	用于连接支持 RS－485 的设备的端子排
2	RS－485 终端电阻切换开关	切换内置 RS－485 通信用的终端电阻的开关
3	RUN/STOP/RESET 开关	操作 CPU 模块的动作状态的开关 RUN：执行程序 STOP：停止程序 RESET：复位 CPU 模块（倒向 RESET 侧保持约 1s）
4	SD 存储卡使用停止开关	拆下 SD 存储卡时停止存储卡访问的开关
5	内置模拟量输入/输出端子排	用于使用内置模拟量功能的端子排
6	SD 存储卡槽	安装 SD 存储卡的槽

（续）

编号	名　　称	内　　容
7	连接扩展板用的连接器	用于连接扩展板的连接器
8	次段扩展连接器	连接扩展模块的扩展电缆的连接器
9	电池座	存放选件电池的支架
10	电池用接口	用于连接选件电池的连接器

④　掌握开关量输入/输出接口电路

（1）开关量输入接口

开关量输入接口的内部结构及外部接线如图1-4所示。当DC输入信号的电流从输入（X）端子流出时，称为漏型输入，可以连接NPN集电极开路型晶体管传感器的输出信号。当DC输入信号的电流流向输入（X）端子时，称为源型输入，可以连接PNP集电极开路型晶体管传感器的输出信号。

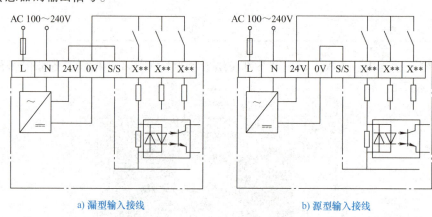

a) 漏型输入接线　　　　　　　　　b) 源型输入接线

图1-4　开关量输入接口的内部结构及外部接线

（2）开关量输出接口

开关量输出接口有3种形式：一种是继电器输出型（可驱动直流和交流负载）；一种是晶体管输出型（漏型），负载电流流入输出（Y）端子，这样的输出称为漏型输出；一种是晶体管输出型（源型），负载电流从输出（Y）端子流出，这样的输出称为源型输出。3种开关量输出接口的内部结构及外部接线如图1-5所示。

⑤　了解 GX Works3 编程软件

GX Works3 是用于以 MELSECiQ－R 系列/MELSEC iQ－F 系列为主的可编程控制器的设置、编程、调试和维护的工程工具。与以往的 GX Works2 相比，GX Works3 提高了功能性和操作性，更易于使用。在 GX Works3 中，以工程为单位对每个 CPU 模块进行程序及参数的管理。GX Works3 中主要包括以下功能。

（1）程序创建功能

可以使用与处理内容对应的程序语言进行编程，主要有梯形图程序、ST 程序、FBD/LD 程序和 SFC 程序，如图 1-6 所示。

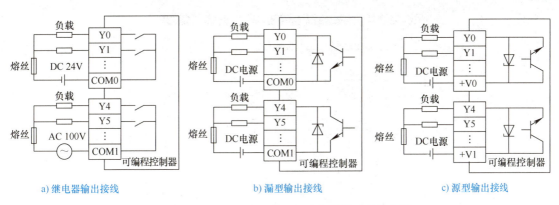

a) 继电器输出接线   b) 漏型输出接线   c) 源型输出接线

图1-5 3种开关量输出接口的内部结构及外部接线

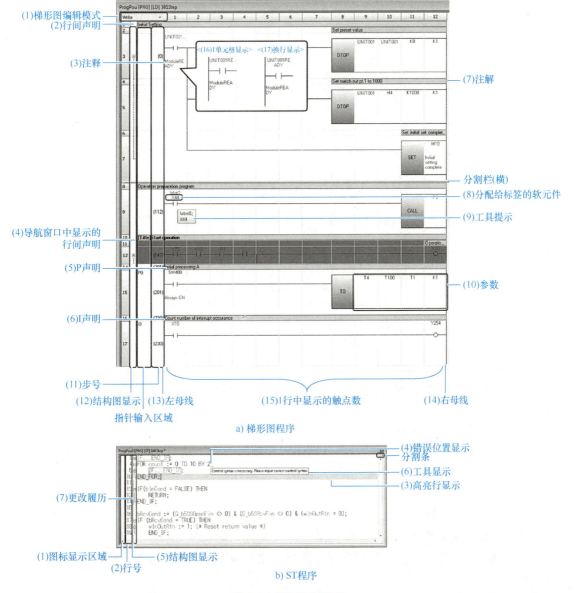

a) 梯形图程序

b) ST程序

图1-6 常用编程语言

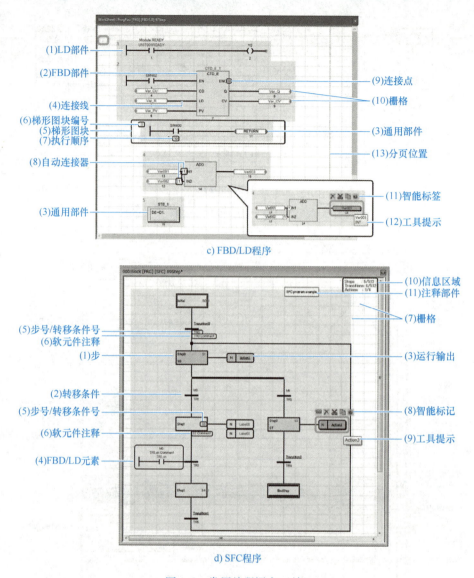

c) FBD/LD程序

d) SFC程序

图1-6　常用编程语言（续）

（2）参数设置功能

可以设置 CPU 参数、模块参数、I/O 扩展单元及智能功能模块的参数。参数设置界面如图 1-7 所示。

（3）至 CPU 模块的写入/读取功能

通过"写入至可编程控制器"/"从可编程控制器读取"功能，可以对 CPU 模块写入/读取控制程序。此外，通过 RUN 中写入功能，可以在 CPU 模块为 RUN 状态下更改控制程序。

（4）监视/调试功能

可以将创建的控制程序写入 CPU 模块中，并对运行时的软元件值等进行监视。即使未与 CPU 模块连接，也可使用虚拟可编程控制器（模拟功能）来调试程序。监视/调试界面如图 1-8 所示。

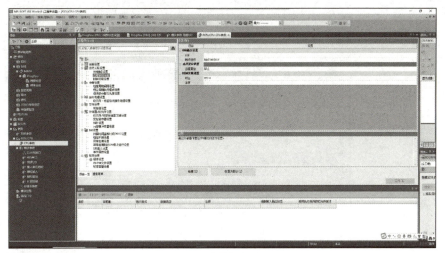

a) CPU参数设置界面

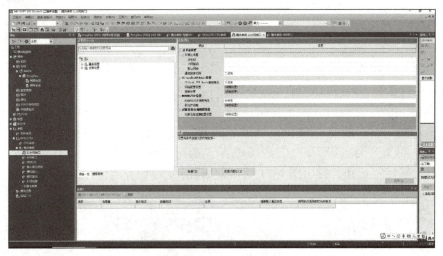

b) 模块参数设置界面

图1-7　参数设置界面

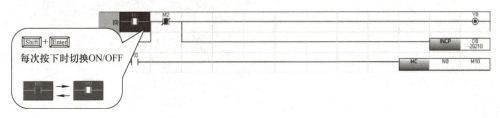

图1-8　监视/调试界面

（5）模块诊断功能

可以对CPU基本模块及网络当前的错误状态及错误信息等进行诊断。通过诊断功能可以缩短恢复作业的时间。此外，通过系统监视可以识别关于智能功能模块等的详细信息。因此，发生错误时的恢复作业时间可以进一步缩短。模块诊断界面如图1-9所示。

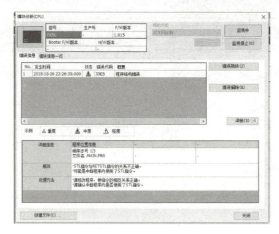

图1-9　模块诊断界面

6 GX Works3 程序的创建与下载

GX Works3程序
的创建与下载

（1）创建工程

双击 图标，或者从菜单"开始"→"程序"→"MELSOFT"下单击相对应的执行程序，即可打开 GX Works3 软件。

（2）新建工程

选择"工程"→"新建"命令，弹出"新建"对话框，在"系列"下拉列表中选择"FX5CPU"，"机型"为"FX5U"，"程序语言"选择"梯形图"，如图1-10所示。设置完毕后，单击"确定"按钮，弹出图1-11所示的编程界面。

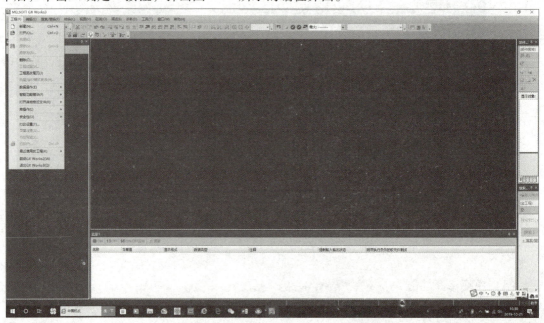

a) 新建工程

图1-10　新建工程并选择 PLC

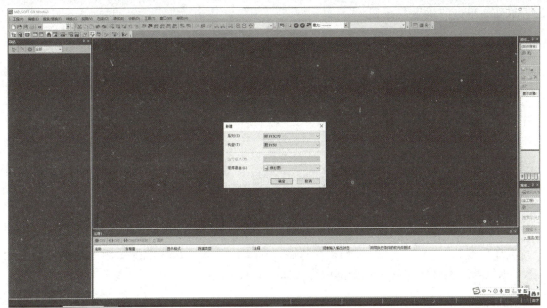

b) 选择PLC类型

图 1-10 新建工程并选择 PLC（续）

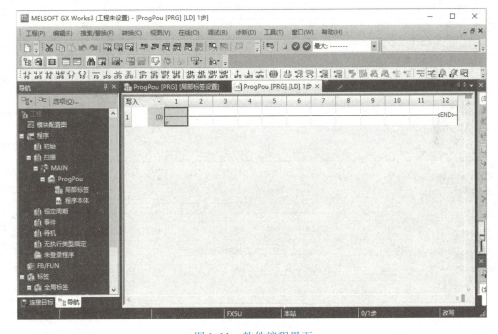

图 1-11 软件编程界面

（3）工程下载

工程程序通过以太网下载到 FX5U PLC。其操作步骤：通过网线将 FX5U 以太网口和计算机网口连接好，选择 GX Works3 软件中的"在线"→"当前连接目标"命令，弹出"连接目标选择"对话框，如图 1-12a 所示，单击选择"直接连接 CPU（C）"，进入"以太网直接连接设置"界面，如图 1-12b 所示，单击"通信测试"按钮，弹出通信测试成功提示框，通信成功后单击"确定"按钮。

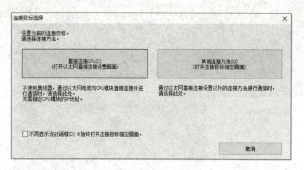

a) 连接目标选择

b) 以太网直接连接设置

图 1-12 连接目标选择

选择"在线"→"写入至可编程控制器"命令，弹出"在线数据操作"对话框，勾选"工程未设置"复选框选择下载全部内容，如图 1-13 所示。

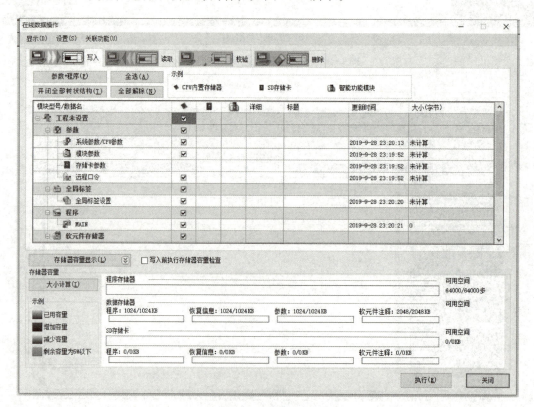

图 1-13 "在线数据操作"界面

单击"执行"按钮，进入"写入至可编程控制器"进度界面，如图 1-14 所示。下载进度完成后，弹出执行复位提示对话框，如图 1-15 所示。按照提示框内容，对 CPU 模块进行复位（倒向 RESET 侧保持约 1s）或重启电源复位或远程复位操作。复位完成后，PLC 程序的下载完成，即可正常运行。

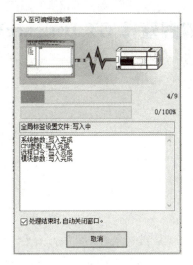

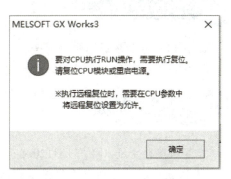

图 1-14　"写入至可编程控制器"进度界面　　　图 1-15　CPU 模块复位提示框

以输入 X0、输出 Y0 点动任务为例考核，按下按键 X0，输出 Y0 指示灯亮，松开 X0，指示灯灭。任务完成后，按照表 1-6 进行评分。

表 1-6　评分表

评分表	_____ 学年	工 作 形 式 □个人　□小组分工		工作时间：____分钟
任务	评价内容	评 分 要 求	学生自评	教师评分
认识 FX5U PLC 及编程软件 GX Works3	1. 硬件连接（30 分）	连接 FX5U 电源：5 分 输入 X0 按键连接：10 分 输出 Y0 指示灯连接：15 分		
	2. 建立工程（20 分）	选择 PLC 型号以及编程语言：10 分 创建工程，建立点动程序：10 分		
	3. 下载工程（30 分）	PLC 与计算机网口硬件连接：5 分 通信测试：10 分 以太网下载：10 分 CPU 模块复位操作：5 分		
	4. 工程调试（20 分）	点动功能调试：20 分		

学生_____　教师_____　日期_____

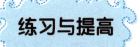

1. 通过三菱电机官网详细了解 FX5U PLC。
2. 通过三菱电机官网下载 GX Works3 软件并安装。
3. 建立一个电动机双重互锁正反转程序下载到 PLC 中，并对运行中的软元件进行监视/调试。

任务 2 认识三菱触摸屏及编程软件 GT Designer3

 **任务目标**

1. 认识三菱触摸屏的机种型号，了解其产品特点及功能。
2. 掌握 GT Designer3 编程软件的安装、工程建立及下载。

 **任务描述**

三菱触摸屏主流产品有 GOT2000 系列、Got Simple 系列（简称 GS 系列）和 GOT1000 系列，GT Designer3 是上述系列触摸屏的画面创建软件，可以进行工程创建、模拟、与 GOT 间的数据传送。三菱触摸屏的使用大大提高了设备的智能化、信息化和自动化程度，目前已广泛应用于机械、纺织、电气、包装、化工等行业，起着重要的监视与控制作用。

 **任务训练**

1 认识三菱触摸屏

（1）三菱触摸屏 GOT1000 系列

为了满足不同客户的需要，GOT1000 系列又分为 GT15 和 GT11 系列，其中 GT15 为高性能机型，GT11 为基本功能机型。它们均采用 64 位处理器，内置有 USB 接口。其外形实物图正面和背面如图 1-16 所示。

图 1-16　GOT1000 系列触摸屏实物图

1）GT11 主要面向低端市场，可独立使用，是性价比较高的触摸屏产品，屏幕尺寸有 10.4in、8.4in 和 5.7in（1in = 0.025m）。

2）GT15 可独立使用，同时具有网络扩展功能，它支持 65536 色显示，支持高亮度，色彩更加真实自然，操作时有很好的视觉感受。其屏幕尺寸有 15in、12.1in、10.4in 和 8.4in 几种。

（2）三菱触摸屏 GOT2000 系列

GOT1000 系列触摸屏已于 2016 年 3 月停止生产，GOT2000 系列作为其后续机种，无论在功能上还是性能上都更加完善，该系列于 2013 年开始推出。目前主要有 GT27、GT25、GT23 和 GT21 系列机种，其外形实物图如图 1-17 所示。

其主要特点如下：

① 丰富的标准配置。

● 配有以太网、RS - 232、RS - 422/485 通信接口，无须添加扩展模块，即可与各种 FA 设备进行连接。

- 配备支持大容量、高速度的 SDHC 卡的 SD 卡接口，可以作为数据存储设备使用。
- 标配的 USB 主机可以连接各种周边设置，通过使用 USB 存储器、USB 鼠标及 USB 键盘等设备，可以提升便利性。

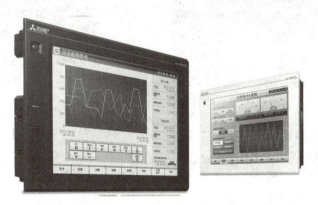

图 1-17　GOT2000 系列触摸屏实物图

② 使用更加顺手。
- 具有丰富的诊断功能及导航显示，可缩短启动及解决故障的时间。
- 通过使用画面创建软件 GT Designer3 ，可以简单方便地创建画面。
- 操作画面风格与计算机相似，操作直观。
- 用指尖的捏合、分离动作可实现文本的缩小、放大，而且通过轻滑动作可实现画面滚动。

③ 提升与三菱 FA 设备的兼容性。
- 通过顺控程序监视功能，可与三菱 FA 设备紧密关联。
- 通过备份/恢复功能，还可以将 PLC 等各种三菱 FA 设备的程序及数据保存到 SD 卡上。

④ 替换方便。
- 工程数据具有兼容性，可简单方便地替换已有程序。
- 其面板开口尺寸与 GOT1000 系列的相同，因此无须对控制柜进行施工。

⑤ 采用 LED 背景灯。
- 使用了寿命较长的 LED 背景灯，无须更换背景灯。

⑥ 支持多媒体、视频等外部连接设备。
- 与多媒体用扩展模块组合使用，可输入或输出视频信号。

⑦ 支持多种功能。
- 支持配方功能、报警功能、操作日志及操作员认证等多种功能。

（3）三菱触摸屏 GS 系列

三菱经济型触摸屏 GOT Simple 系列产品（简称 GS 系列）主要有 GS2107－WTBD（7in）和 GS2110－WTBD（10in）两款，其产品特点为精简却功能强大，具有高可靠性，操作简便，可以降低设备系统设计、启动、维护的总成本，提高设备的附加值，能轻松简便地制作优质美观的画面。

GS 系列触摸屏正视图如图 1-18 所示，背视图如图 1-19 所示。

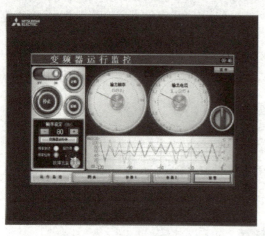

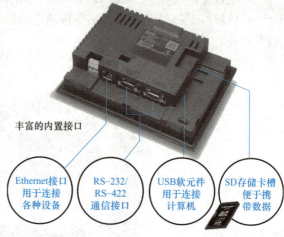

丰富的内置接口

Ethernet接口
用于连接
各种设备

RS–232/
RS–422
通信接口

USB软元件
用于连接
计算机

SD存储卡槽
便于携
带数据

图 1-18　GS 系列触摸屏正视图　　　　　　图 1-19　GS 系列触摸屏背视图

其主要参数如下：

① 高清：800×480 像素高分辨率，用户可体验精致、自然的高清视觉盛宴。

② 真彩：TFT 彩色液晶 65536 色显示。

③ 接口：内置 Ethernet、USB、RS–422、RS–232 接口，丰富的接口可满足不同用户的需求。

④ 软件：内置程序容量为 9MB，搭载 SD 卡槽。

⑤ 保护：IP65F 耐环境保护构造，可竖直显示。

2 了解三菱触摸屏的应用特点

三菱触摸屏的使用可以大大降低自动化设备的设计、启动和维护成本，主要体现在以下几个方面。

（1）从 SD 存储卡启动，削减量产设备的启动工时

将存有全部画面数据与 GOT 启动系统数据的 SD 存储卡安装至 GOT 时，只需简单操作，即可启动 GOT 使用，便于 GOT 的更换与维护，如图 1-20 所示。

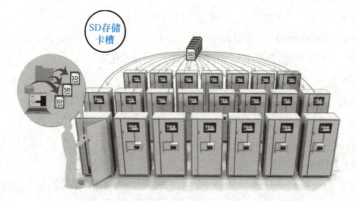

SD存储
卡槽

图 1-20　削减量产设备的启动工时

（2）收集工厂自动化（简称 FA）设备数据的记录功能

统一管理与 GOT 连接的 FA 设备数据，实现定期或在任意时段收集数据，以便分析和反馈数据，如图 1-21 所示。

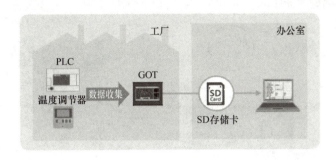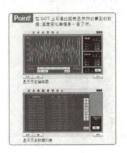

图 1-21　收集工厂自动化设备的数据

（3）使用备份/恢复功能备份重要程序

在现场即使没有计算机也可以更换 PLC 的程序，可以把 PLC 的程序和参数保存备份到 GOT 中，对于不可预测的突发事件，只要把备份过的程序恢复（写回）到 PLC 中去，即可立即恢复程序，如图 1-22 所示。

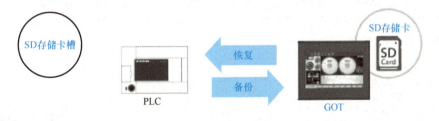

图 1-22　备份/恢复功能

（4）FA 透明功能

可以在现场进行 FA 设备的启动调整。只要连接 GOT 与计算机，就可以简单地对 FA 设备进行编程、启动及调整等操作，节省更换电缆作业工序，如图 1-23 所示。

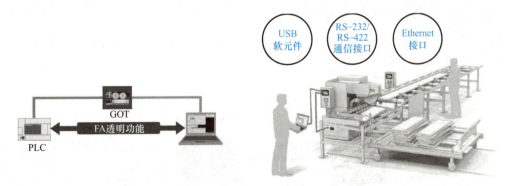

图 1-23　现场启动调整设备

（5）Ethernet 远程维护功能

即使不在现场也可进行设备维护，通过连接 Ethernet，在办公室也可对生产现场的 FA 设备进行维护。即使系统内混合使用了不同厂家的 FA 设备和机型，也可以通过 Ethernet 通信将它们简单连接起来，扩大现场设备的选择范围，如图 1-24 所示。

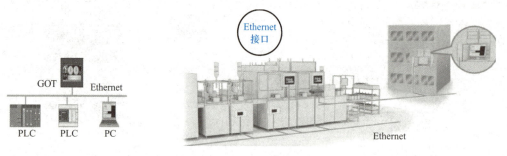

图 1-24　Ethernet 远程维护

（6）多通道通信连接控制多台设备

1 台 GOT 最多可以监控 2 台 FA 设备，只需通过 GX Works3 软件设定传送源和传送目标的软元件和触发点，即可简单实现连接设备间的软元件传送，如图 1-25 所示。

（7）直接连接变频器

GOT 可以与变频器直接连接，连接两者后，通信参数可被自动设定。此外，还可以用 GOT 监控各编程软元件的状态，即使连接多台变频器时，也可以用 1 台 GOT 进行统一管理，如图 1-26 所示。

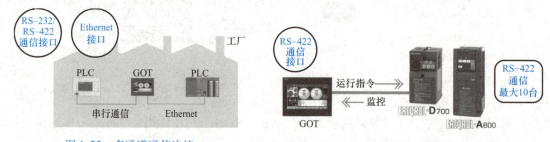

图 1-25　多通道通信连接　　　　　　　　　图 1-26　直接连接变频器

（8）可简单监控伺服运转状态

GOT 可直接连接伺服放大器，设置、监视、报警、诊断、参数设定和试运行的调整等操作非常简便，如图 1-27 所示。

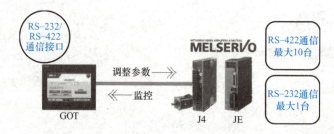

图 1-27　直接连接伺服放大器

（9）可对应 MODBUS 通信

GOT 作为主站，可与 MODBUS/RTU 从站设备进行通信，可以连接 1 台设备，进行生产线的监控等，如图 1-28 所示。

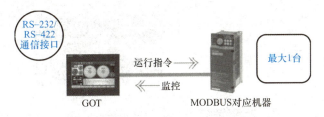

图 1-28　MODBUS 通信

（10）配方功能

可使不同产品生产流程更换更简单。把材料的配方及加工条件等数据保存在 GOT 内，进行产品流程转换时，可直接通过 GOT 改写数据，不需要更换 PLC 的程序，也可用 GOT 读取并保存调整后的数据，非常简单，如图 1-29 所示。

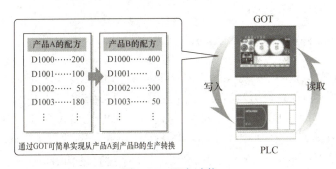

图 1-29　配方功能

（11）软元件监控功能

可监控软元件值以及对计时器设定值进行更改，可监控 FX/L/Q 系列 PLC 内软元件的 ON/OFF 状态和字元件值，更改计时器、计数器等值，如图 1-30 所示。

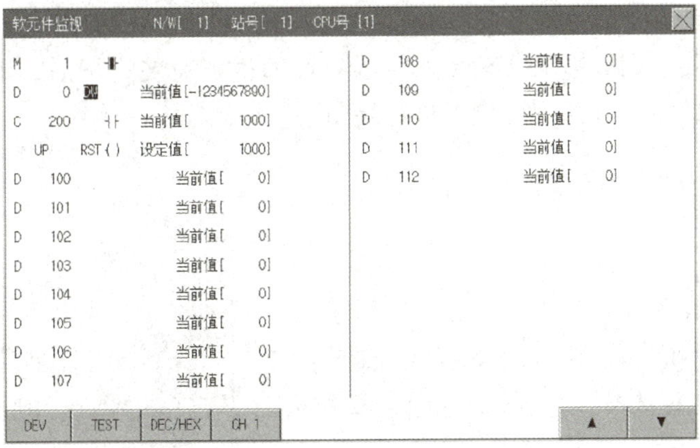

图 1-30　软元件监控功能

（12）报警功能

可以确认报警时的详细情况。搭载了报警显示、报警记录、报警弹出显示等功能，并可分别设置每个画面的显示，还具备语言切换功能，如图1-31所示。

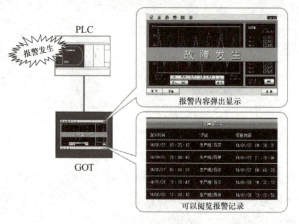

图1-31　报警功能

3 了解三菱触摸屏编程软件 GT Designer3

三菱触摸屏编程软件 GT Designer3 是 GOT2000 系列和 GOT1000 系列适用的画面创建软件，并且集成有 GT Simulator3 仿真软件，具有仿真模拟的功能。GT Designer3 具有工程和画面创建、图形绘制、对象配置和设置、公共设置以及数据传输等功能。其由 GOT2000 系列的绘图软件 GT Designer3（GOT2000）和 GOT1000 系列的绘图软件 GT Designer3（GOT1000）两个绘图软件构成。GT Simulator3 是在 PC 上模拟 GOT 运行的仿真软件。

三菱触摸屏编程软件 GT Designer3 可进入三菱电机自动化（中国）有限公司官方网站 https：//cn. mitsubishielectric. com/fa/zh/download/dwn_idx_software. asp 注册用户后下载。下载完毕后，解压安装包，打开 DISK1 文件夹，双击 SETUP. exe 文件，根据提示进行安装。安装完毕后，桌面将生成 ![icon] 和 ![icon] 两个图标。

如需对 GS 系列触摸屏进行绘图编辑，打开 "DISK1" → "TOOL" → "GS" 文件夹，双击 GS Installer. exe 文件，安装 GS 系列绘图软件插件。安装完毕后，即可使用 GT Designer3（GOT2000）软件对 GS 系列触摸屏进行绘图。

4 GT Designer3 工程的创建与下载

（1）打开软件

双击 ![icon] 图标，或者从菜单 "开始" → "程序" → "MELSOFT" 下单击执行程序 GT Designer3，即可打开软件，界面弹出 "工程选择" 对话框，如图1-32所示。

（2）新建工程

1）单击 "工程选择" 对话框中的 "新建" 按钮，弹出 "新建工程向导" 对话框，进入 "新建工

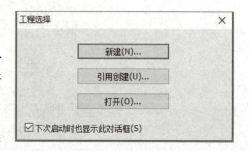

图1-32　"工程选择" 对话框

程向导的开始"步骤，如图 1-33 所示。

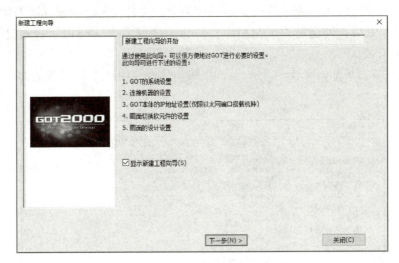

图 1-33　"新建工程向导"对话框

2）单击"下一步"按钮，进入"GOT 系统设置"步骤，如图 1-34 所示。依次在"系列"下拉列表框中选择 GOT 系列，在"机种"下拉列表框中选择 GOT 机种，"对应型号"中显示与机种的选择内容对应的 GOT 型号，在"设置方向"中选择 GOT 的设置方向为横向

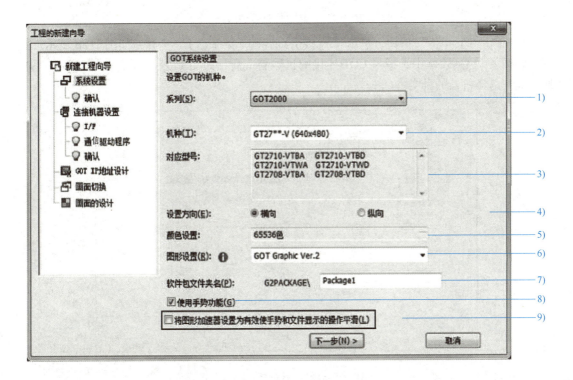

图 1-34　GOT 系统设置

注：根据 GB/T 14733.1—1993 的规定，电信术语中"通讯"应改为"通信"，因此本书采用了"通信"的说法，在描述软件中出现的截屏图时，也采用了"通信"的说法。由此造成的与三菱软件界面不一致，请读者谅解。

或纵向，在"颜色设置"中显示 GOT 类型的颜色数，在"图形设置"中选择"GOT Graphic Ver. 2"或"GOT Graphic Ver. 1"，在"软件包文件夹名"中设置用于存储软件包数据的文件夹名。最后，勾选是否"使用手势功能"（仅 GT27 支持），将通过手势进行的 GOT 操作设为有效。

3）全部设置完成后，单击"下一步"按钮，进入"GOT 系统设置的确认"步骤，如图 1-35 所示。

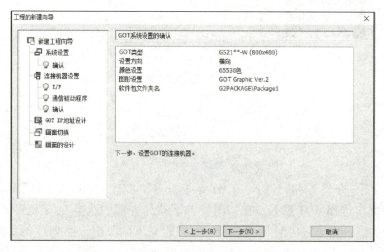

图 1-35　GOT 系统设置的确认

4）单击"下一步"按钮，进入"连接机器设置（第 1 台）"步骤，如图 1-36 所示。在"制造商"下拉列表框中选择与 GOT 连接的机器制造商，如图 1-37 所示，在"机种"下拉列表框中选择机器的种类。

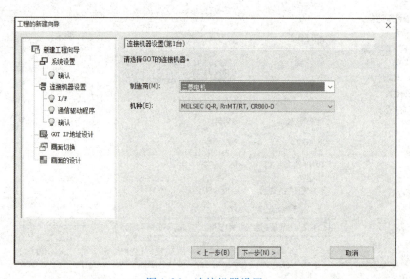

图 1-36　连接机器设置

5）连接机器型号设置完毕后，单击"下一步"按钮，进入 I/F 设置界面，选择连接机器的 GOT 接口，如图 1-38 所示。

6）单击"下一步"按钮，进入通信驱动程序设置界面，如图1-39所示。根据GOT和连接机器的连接形式，选择通信驱动程序。可选的通信驱动程序因制造商、机种、I/F的设置而异，需要根据连接的机器和形式进行设置。

7）单击"下一步"按钮，可对连接机器的设置进行更改和追加，如图1-40所示。设置第2台以后的连接机器时，单击"追加"按钮，转到步骤4）继续操作。若GOT的接口中未选择以太网时，直接跳至步骤9）。

8）单击"下一步"按钮，进行GOT以太网IP地址的设置，如图1-41所示。

图1-37　制造商名录

图1-38　I/F设置

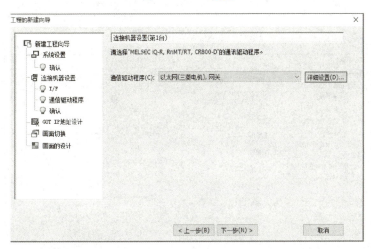

图1-39　通信驱动程序设置

9）单击"下一步"按钮，设置基本画面和必要画面的切换软元件，如图1-42所示。

10）单击"下一步"按钮，进行画面的设计，如图1-43所示。

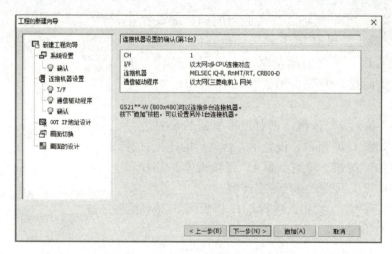

图 1-40　连接机器设置更改或追加

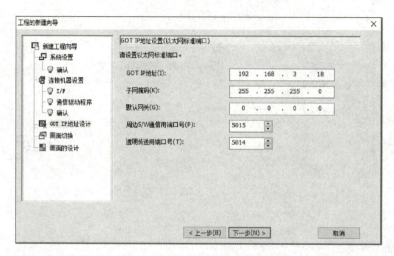

图 1-41　以太网 IP 地址设置

图 1-42　画面切换软元件的设置

GT Designer3
工程的下载

图 1-43　画面的设计设置

11）单击"下一步"按钮，确认向导设置的内容，单击"结束"按钮即完成工程创建的全部设置，如图 1-44 所示。

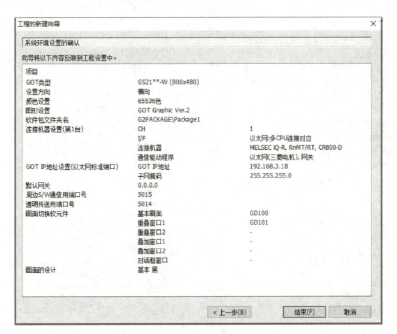

图 1-44　工程新建向导结束界面

（3）工程下载

工程下载就是要把触摸屏界面下载到 GOT 中，选择"通信"→"写入到 GOT"命令，如图 1-45 所示。弹出"通信设置"对话框，"GOT 的连接方法"选择"GOT 直接"，这种连接方法支持 USB 下载和以太网下载两种方式，如图 1-46 所示。"通过可编程控制器"连接方法设置比较复杂，同时受到 GOT 机种型号的限制，在这里不进行描述，可以参考软件使用帮助手册学习。

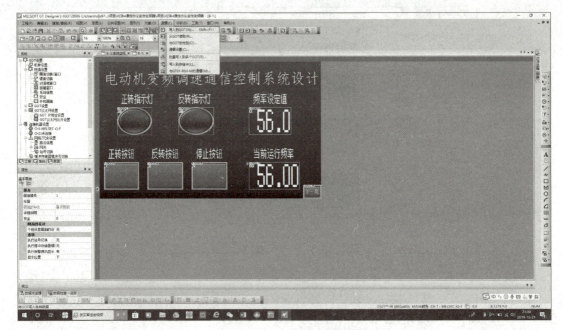

图 1-45　通信写入操作

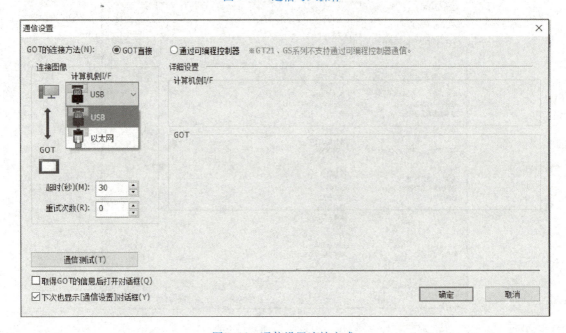

图 1-46　通信设置连接方式

1）USB 下载通信设置。硬件连接使用 A-mini B 型 USB 连接电缆，将 USB 电缆的 A 型接口连接到计算机侧的 USB 端口，将 mini B 型接口连接到 GOT 的 USB 接口上，如图 1-47 所示。在"通信设置"对话框中，"计算机侧 I/F"选择"USB"方式，如图 1-48 所示。

2）以太网下载通信设置。通过以太网连接时，使用 10BASE－T 或 100BASE－TX 型号以太网电缆线，将计算机和 GOT 连接到同一网络上，如图 1-49 所示。例如，假设触摸屏的 IP 地址为 192.168.3.18，计算机的 IP 地址与触摸屏的 IP 地址需要设置在同一网段内，可以

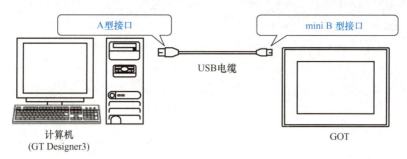

图 1-47 USB 硬件连接

图 1-48 USB 下载通信设置

将计算机 IP 地址设置为 192.168.3.30。在"通信设置"对话框中,"计算机侧 I/F"选择"以太网"方式,并在 GOT 选项组中设置"GOT IP 地址"与"周边 S/W 通信用端口号",如图 1-50 所示。

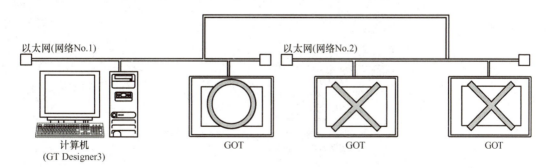

图 1-49 以太网网络连接

通信设置完成后,单击"确定"按钮,进入"与 GOT 的通信"对话框,如图 1-51 所示。单击"GOT 写入"选项卡执行写入操作,依次会弹出写入确定提示框(图 1-52)、正在通信提示框(图 1-53)和向 GOT 写入数据进度提示框(图 1-54)。

图1-50 以太网下载通信设置

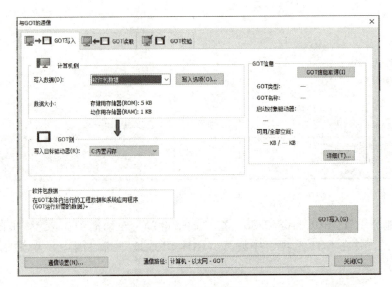

图1-51 "与GOT的通信"对话框

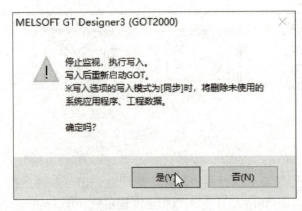

图1-52 写入确定提示框

写入完毕后，单击"确定"按钮，触摸屏自动进行重启操作，工程下载全部结束。

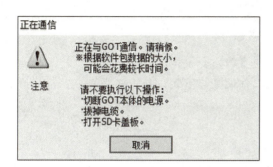

图1-53　正在通信提示框

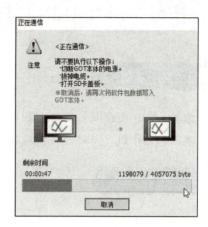

图1-54　数据写入进度提示框

 任务考核

任务完成后，按照表1-7进行评分。

表1-7　评分表

评分表	＿＿＿学年	工　作　形　式 □个人　□小组分工		工作时间：＿＿分钟	
任务	评价内容	评分要求		学生自评	教师评分
认识三菱触摸屏及编程软件 GT Designer3	1. 下载安装 GT Designer3 软件（30 分）	软件下载：15 分 软件安装：15 分			
	2. 建立工程（35 分）	正确选择触摸屏型号：10 分 创建工程：10 分 建立点动界面，设置按键与指示灯：15 分			
	3. 以太网方式工程下载（35 分）	触摸屏与计算机以太网硬件连接：10 分 准确设置触摸屏与计算机的 IP 地址：15 分 以太网下载工程：10 分			

学生＿＿＿＿＿＿　教师＿＿＿＿＿＿　日期＿＿＿＿＿＿

 练习与提高

1. 通过三菱电机官网，详细了解三菱触摸屏的机种型号。
2. 通过三菱电机官网，下载 GT Designer3 软件并安装。
3. 建立一个电动机双重互锁正反转界面下载到触摸屏中，并准确设置软元件参数。

任务3 FX5U PLC与触摸屏模拟联机调试与运行

 任务目标

1. 掌握 FX5U PLC 与触摸屏模拟调试的方法与步骤，会模拟调试。
2. 掌握 FX5U PLC 与触摸屏模拟联机运行的软件设置与下载，会联机调试。

 任务描述

使用 GX Works3 软件设计电动机起保停程序，并进行模拟调试；使用 GT Designer3 软件设计触摸屏监控界面；在 PC 上进行 PLC 程序和触摸屏界面模拟联机调试与运行，进行工程项目的模拟监控调试。

 任务训练

1 电动机起保停 PLC 程序的设计与模拟调试

（1）PLC 程序的设计

在程序输入界面左上角，选择"写入"模式，设计并输入起保停 PLC 程序，单击程序转换按钮 圖 或按下快捷键 <F4>，对程序进行编译转换，完成后程序段由灰色变为白色，如图 1-55 所示。PLC 程序必须经编译转换后，才能写入 PLC。

GX程序的仿真

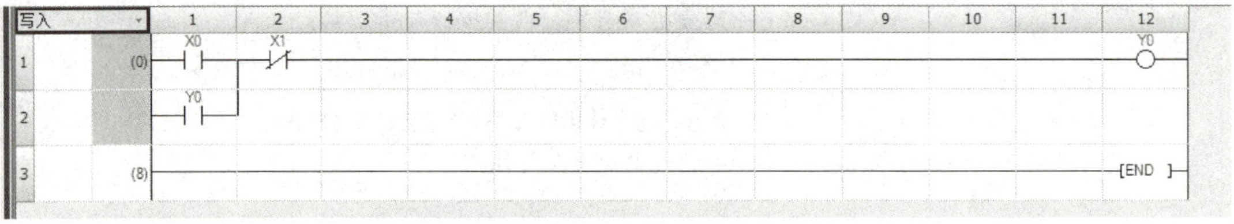

图 1-55 起保停 PLC 程序设计

（2）PLC 程序的模拟下载

选择"调试"→"模拟"→"模拟开始"命令，如图 1-56 所示。启动模拟软件 GX Simulator3，首先弹出模拟器操作界面，如图 1-57 所示，接着弹出"在线数据操作"界面，在界面中勾选"工程未设置"项目选择框，单击"执行"按钮，如图 1-58 所示。

执行完毕后，出现模拟启动警告提示框，如图 1-59 所示，单击"确定"按钮，然后在"在线数据操作"界面单击"关闭"按钮，将界面关闭。操作完成后，模拟器操作界面中的红色"ERR"指示灯熄灭，"P. RUN"绿色指示灯点亮，表示程序模拟下载完毕，如图 1-60 所示。

图 1-56　模拟开始

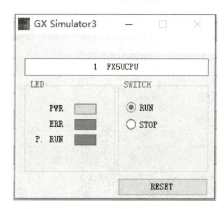

图 1-57　模拟器操作界面

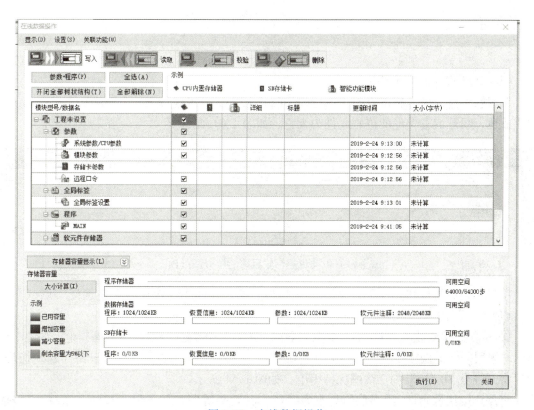

图 1-58　在线数据操作

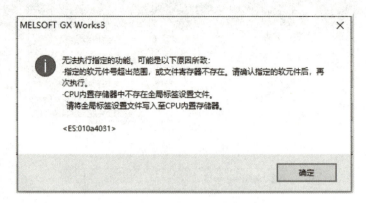

图 1-59　在线数据下载警告提示框

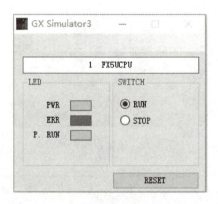

图 1-60　模拟器运行界面

（3）PLC 程序的模拟调试

编程软件进入模拟调试界面，PLC 程序的状态为"监视读取"，闭合或者得电的位软元件为蓝色，断开或者失电的位软元件为无色，如图 1-61 所示。

图 1-61　电动机起保停程序的模拟调试界面

单击选中启动位软元件 X0，然后单击鼠标右键，在弹出的快捷菜单中选择"调试"→"当前值更改"命令，如图 1-62 所示。

将 X0 当前值更改为"1"后，其效果等同于按下起动按钮，此时 Y0 线圈得电，如图 1-63 所示。采用同样的操作步骤，将 X0 当前值更改为"0"后，其效果等同于松开起动按钮，此时常开触点 Y0 自锁，Y0 线圈保持得电，如图 1-64 所示。

将停止按钮软元件 X1 当前值更改为"1"，其效果等同于按下停止按钮，此时 Y0 线圈失电，自锁触点断开，如图 1-65 所示。将 X1 当前值更改为"0"后，其效果等同于松开停止按钮，此时 Y0 线圈保持失电。

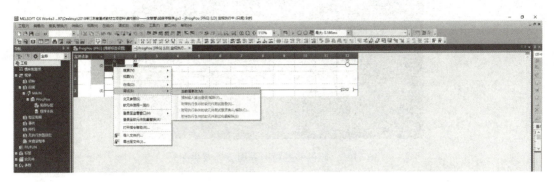

图 1-62　软元件的当前值更改设置

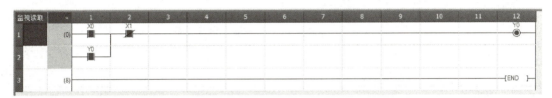

图 1-63　X0 设置为"1"程序运行界面

图 1-64　X0 设置为"0"程序运行界面

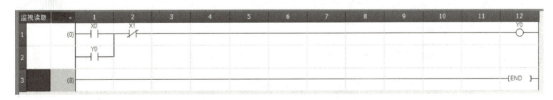

图 1-65　X1 设置为"1"程序运行界面

　　利用 GX Works3 软件中的模拟功能，通过更改对应功能的软元件，不需要硬件电路就可以很方便地对 PLC 程序进行模拟调试，检验设计程序是否达到控制要求。

2　电动机起保停触摸屏界面的设计

（1）触摸屏组态效果

　　电动机起保停触摸屏界面设计效果如图 1-66 所示。界面中包含项目名称、电动机的起动按钮与停止按钮、电动机的运行指示灯。

图 1-66　起保停触摸屏界面设计效果图

（2）变量对应关系

触摸屏与 PLC 的数据变量对应关系见表 1-8。

表 1-8　触摸屏与 PLC 数据变量对应关系

PLC 程序	X0	X1	Y0
触摸屏	起动按钮	停止按钮	电动机运行指示灯

（3）触摸屏组态设计

按照 GT Designer3 工程创建步骤新建起保停组态工程，在步骤 4 中将"机种"设置为 "MELSEC iQ-F"，如图 1-67 所示。

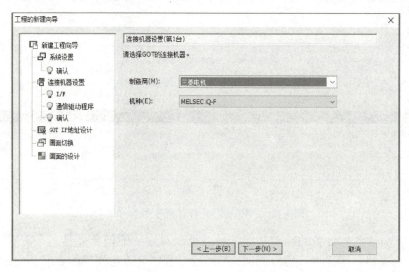

图 1-67　FX5U 机种的设置

单击"文本"构件 **A**，并放置于画面适当位置，在文本对话框中输入相关文字信息，选择字体、文本尺寸和文本颜色，如图 1-68 所示。单击"开关"构件 █ ，选择"位开关"构件，放置于画面适当位置，对起动按钮进行组态设计。在"位开关"对话框的"软元件"选项卡中，设置起动对应的软元件"X0"，动作设置为"点动"，如图 1-69 所示；在"样式"选项卡中，将图形颜色均设置为"绿色"，如图 1-70 所示；在"文本"选项卡中，将按钮的文本字符串输入"起动"，并设置为居中方式和合适的文本尺寸，如图 1-71 所示。接着用同样的设置方法进行停止按钮的组态设计，将其设置为红色。单击"指示灯"构件 ，选择"位指示灯"构件，将软元件设置为"Y0"，设置 OFF 时为红色，如图 1-72 所示。

图 1-68　文本的组态设置

图 1-69　位开关的软元件设置

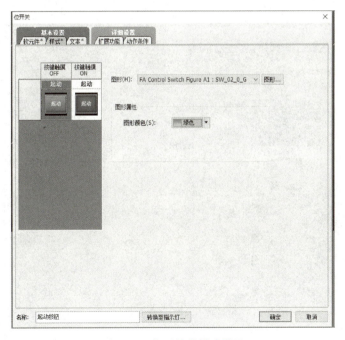

图 1-70　位开关的样式设置

GT触摸屏与GX
程序的仿真联调

3 PLC 与触摸屏模拟联机调试运行

（1）启动 PLC 模拟程序

在 GX Works3 软件中，选择"调试"→"模拟"→"模拟开始"命令，将 PLC 程序模

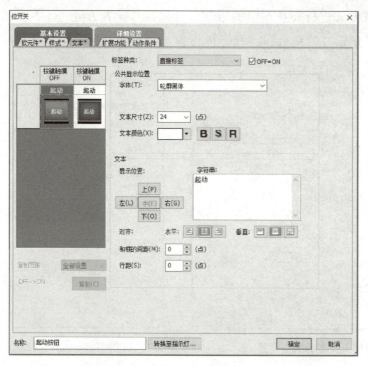

图 1-71　位开关的文本设置

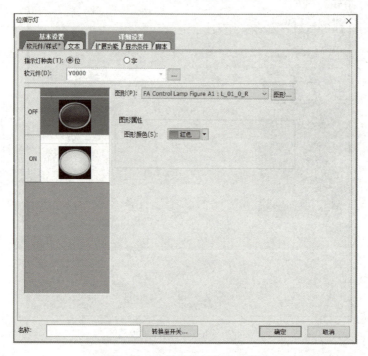

图 1-72　运行指示灯的组态设置

拟下载，完成后进入 PLC 程序的模拟调试界面。

（2）启动触摸屏模拟程序

在 GT Designer3 软件中，选择"工具"→"模拟器"→"启动"命令，如图 1-73 所示。启动完毕后，进入触摸屏的模拟运行界面，如图1-74所示。

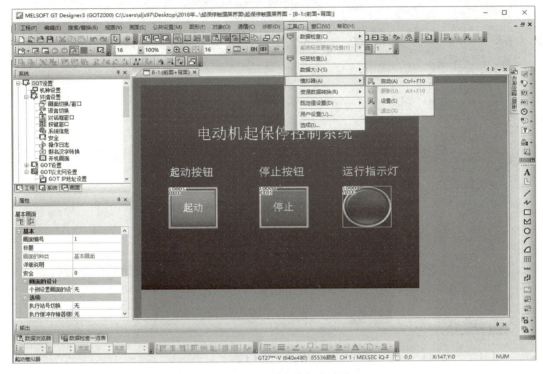

图1-73　触摸屏组态模拟启动设置

图1-74　触摸屏模拟运行界面

（3）模拟联机调试运行

将PLC和触摸屏软件仿真界面调整到合适位置，进行模拟联机的调试与运行。单击触摸屏上的起动按钮，起动信号X0从触摸屏送入PLC程序中执行，输出Y0得电并送入触摸屏界面中的运行指示灯中，显示绿色，如图1-75所示。按下停止按钮X1，输出Y0失电，自锁触点断开，运行指示灯熄灭，如图1-76所示。

图 1-75 按下起动按钮模拟运行调试

图 1-76 按下停止按钮模拟运行调试

4 模拟运行调试

进入模拟运行界面进行调试，模拟调试完毕后，分别退出 PLC 和触摸屏软件的模拟调试模式。

 任务考核

按照表 1-9 中的评分标准和评分步骤，对任务完成情况做出评价。

表 1-9　评分表

评分表	＿＿＿＿学年	工 作 形 式 □个人　□小组分工		工作时间：＿＿分钟
任务	评价内容	评 分 要 求	学生自评	教师评分
FX5U PLC 与触摸屏模拟 联机调试与运行	1. 创建 PLC 程序，仿真调试（30 分）	创建 PLC 程序：10 分 仿真调试程序：20 分		
	2. 建立触摸屏界面工程，模拟运行（35 分）	创建触摸屏工程：10 分 建立触摸屏界面，正确设置按钮与指示灯的软元件：20 分 模拟运行触摸屏界面：5 分		
	3. 模拟运行联机调试（35 分）	在 PC 端操作触摸屏界面，能与 PLC 程序联机，能模拟运行系统：35 分		

学生＿＿＿＿＿＿＿＿　教师＿＿＿＿＿＿＿＿　日期＿＿＿＿＿＿＿

 练习与提高

1. 在 PC 端，设计并模拟运行联机调试电动机双重互锁正反转 PLC 程序和触摸屏界面。

2. 在 PC 端，设计并模拟运行联机调试电动机星三角运行 PLC 程序和触摸屏界面。

项目2
FX5U PLC内置模块与触摸屏的典型应用

本项目主要介绍三菱 FX5U PLC 内置模块中的以太网端口、485 串口、高速 I/O、模拟量输入、模拟量输出等模块参数的设置，并在触摸屏上设计组态界面进行系统监控。

任务1　FX5U PLC 与触摸屏以太网通信监控

1. 会使用 GX Works3 软件正确设置 PLC 以太网端口模块参数。
2. 会使用 GT Designer3 组态软件正确设置触摸屏 IP 地址，能够与 PLC 正常进行以太网通信。
3. 能正确实现与 PLC 的通信数据连接，实现画面监控。

触摸屏与 FX5U PLC 通过以太网通信，监控电动机起保停运行。触摸屏上设置起动按钮、停止按钮、运行指示灯。当按下起动按钮后，电动机运行，运行指示灯长亮（绿色）；当按下停止按钮后，电动机停止，运行指示灯熄灭。

以太网监控
任务发布

1 系统设计

三菱 FX5U PLC 内置以太网端口模块如图 2-1 所示。通过网络直通线与触摸屏的以太网接口连接，采用以太网专用驱动进行通信监控，并在触摸屏上进行监控，方案设计如图 2-2 所示。

2 FX5U PLC 以太网端口通信参数设置

1）在项目 1 任务 3 仿真联机调试的基础上，需要设置左侧导航栏中"参数"→"FX5UCPU"→"CPU 参数"选项，如图 2-3 所示。

以太网通信
PLC程序下载

图 2-1 三菱 FX5U PLC 外形

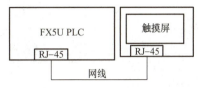

图 2-2 通信监控系统方案设计

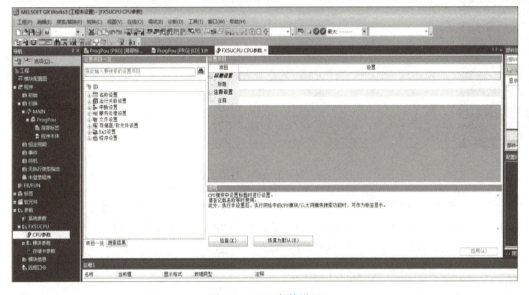

图 2-3 CPU 参数设置

2）CPU 参数的设置：可根据工艺的要求更改启动条件，将"远程复位"设置为"允许"，如图 2-4 所示。

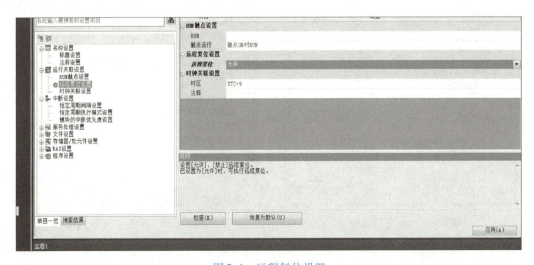

图 2-4 远程复位设置

3）为了通信成功，需要将计算机、PLC 和触摸屏 IP 地址设置到同一网段内。更改"以太网端口"，要将 PLC 的 IP 地址进行更改，更改为"192. 168. 3. 250"。更改完毕后单击"应用"按钮，如图 2-5 所示。

图 2-5　以太网端口 IP 地址设置

4）通过网线连接 FX5U 与计算机，进入计算机本地连接属性设置界面，如图 2-6 所示，在 Internet 协议版本 4（TCP/IPv4）中，将计算机的 IP 地址改成与 FX5U 处于同一网段内，IP 地址设为"192. 168. 3. 30"，子网掩码设为"255. 255. 255. 0"，如图 2-7 所示。

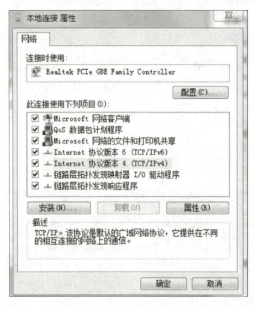

图 2-6　本地连接属性

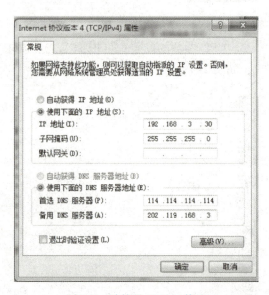

图 2-7　计算机 IP 地址修改

5）单击"下载"按钮，系统自动弹出"在线数据操作"界面，单击程序名称后的复选框，全选下载项并执行，程序将被下载到 PLC 中，如图 2-8 所示。

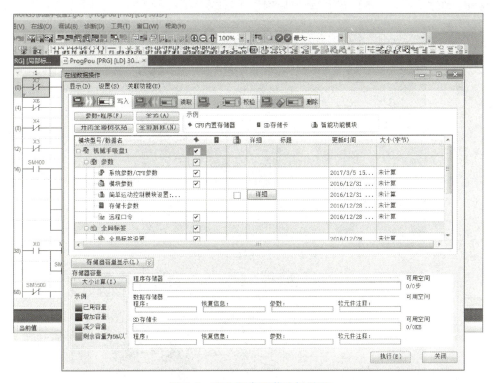

图 2-8　PLC 程序下载选择界面

3　触摸屏 IP 地址设置

打开项目 1 任务 3 中的触摸屏界面程序，插上网线连接计算机和触摸屏。下载前，需要在触摸屏中设置正确的 IP 地址，使计算机与触摸屏处于同一网段。具体步骤为：按住触摸屏左上角（屏与黑色框的边缘结合处），即可进入启动模式菜单页，如图 2-9 所示。单击触摸屏上的"应用程序"图标，进入"应用程序主菜单"，如图 2-10 所示。

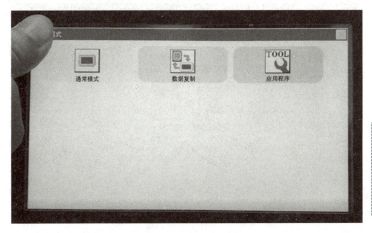

触摸屏的设置
与程序下载

图 2-9　进入启动模式菜单页

单击"连接设备设置"图标，如图2-11所示。单击"GOT IP地址"图标，将触摸屏硬件地址修改为与触摸屏对应的软件地址"192.168.3.18"后，单击右上角的"关闭"按钮，保存设置并重启触摸屏，如图2-12所示。

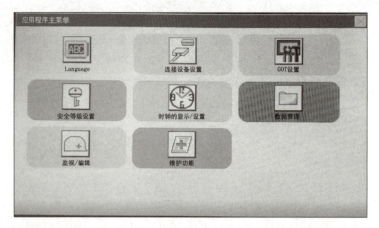

图2-10　应用程序主菜单页

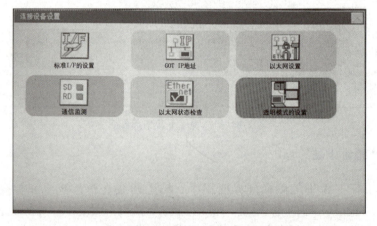

图2-11　连接设备设置页

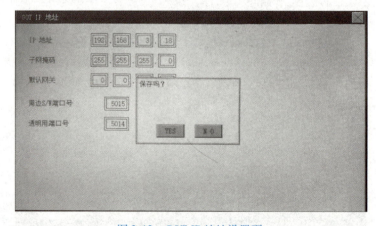

图2-12　GOT IP地址设置页

单击软件工具栏中的"通信"菜单，选择"写入到 GOT"命令，进入通信设置界面，首先进行通信测试，如图 2-13 所示。通信测试连接成功后，进入 GOT 写入界面，单击"GOT 写入"按钮，程序执行通信下载，如图 2-14 所示。

图 2-13　通信设置界面

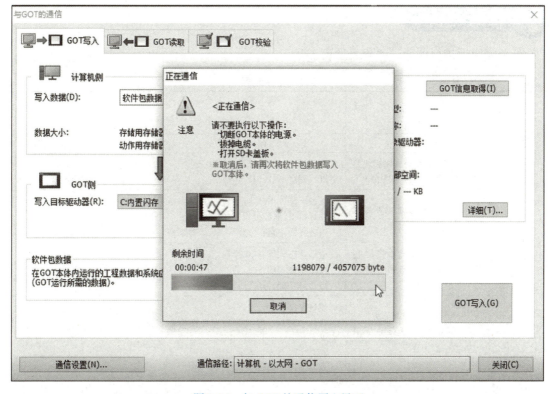

图 2-14　与 GOT 的通信写入界面

4 FX5U PLC 与触摸屏的以太网连接

以太网通信
联机调试

通过标准的网络通信线（直通线）连接 PLC 和触摸屏的网口。将 PLC 左侧的运行状态开关拨至 RUN 位置，如图 2-15 所示。重启上电后，PLC 正常状态如图 2-16 所示。以太网通信建立连接，需要等待一段时间，待 SD/RD 指示灯快速闪烁则表示以太网收发数据正常，连接成功。

图 2-15　状态开关拨至 RUN 位置

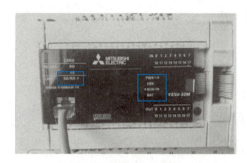

图 2-16　以太网连接成功

5 运行调试

按下触摸屏起动按钮，PLC 输出 Y0，触摸屏运行指示灯点亮；按下停止按钮，系统停止，运行指示灯灭，表明系统调试成功，完成对应系统功能。

 任务考核

任务完成后进行评分，评分表见表 2-1。

表 2-1　评分表

评分表　　　　学年		工作形式 □个人　□小组分工		工作时间：___分钟	
任务	评价内容	评分要求		学生自评	教师评分
FX5U PLC 与触摸屏以太网通信监控	1. FX5U PLC 以太网模块参数设置与程序下载（35 分）	FX5U PLC IP 地址设置：20 分 PLC 程序下载：15 分			
	2. 触摸屏 IP 地址设置与程序下载（25 分）	触摸屏硬件 IP 地址设置：10 分 计算机 IP 地址设置：10 分 组态界面下载：5 分			
	3. FX5U PLC 与触摸屏联机通信监控功能测试（30 分）	通信状态判断：10 分 按钮功能：10 分 指示灯功能：10 分			
	4. 职业素养与安全意识（10 分）	现场安全保护：2 分 工具、器材、导线等处理操作符合职业要求：3 分 有分工有合作，配合紧密：3 分 遵守纪律，保持工位整洁：2 分			

学生_____　教师_____　日期_____

练习与提高

1. 如果触摸屏的 IP 地址设置为 200.200.200.190，请修改 PLC 及 PC 的 IP 设置，使系统能正常通信。

2. 尝试编写图 2-17 所示的程序，并下载到 FX5U PLC 中，同时编写包含 M0 辅助继电器和 Y0～Y4 输出继电器的组态界面，理解程序运行的意义。

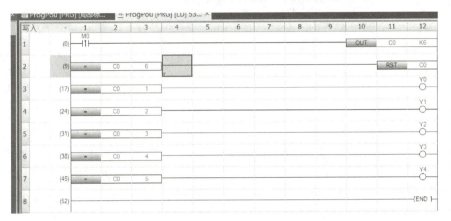

练习与提高——以太网地址的修改

图 2-17　程序

任务 2　FX5U PLC 与触摸屏直流电动机调速控制

任务目标

1. 设计利用 FX5U PLC 内置的模拟量输出模块，控制直流电动机调速系统。
2. 熟练掌握触摸屏监控画面组态设计。
3. 掌握触摸屏、PLC、直流电动机控制系统的运行调试。

任务描述

建立一个直流电动机调速系统，可以在触摸屏上设置直流电动机的转速，按下起动按钮，电动机运行；按下停止按钮，电动机停止。

任务训练

1 系统设计

（1）系统组成

直流电动机调速系统由三菱 GS2107 触摸屏、三菱 FX5U－32M/ES PLC、直流电动机驱动板卡、直流电动机 ZYTD－38SRZ－R、网线、24V 开关电源组成，如图 2-18 所示。

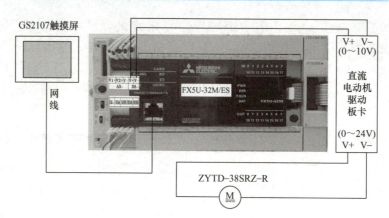

图 2-18　直流电动机调速系统组成

　　ZYTD－38SRZ－R 直流电动机如图 2-19 所示，其参数见表 2-2。由表 2-2 可知，该直流电动机的驱动电流至少为 50mA，而 PLC 的模拟量输出信号最大电流只有 5mA，而且 ZYTD－38SRZ－R直流电动机的输入电压范围为 0～24V，因此 PLC 不能够直接驱动直流电动机。直流电动机驱动板卡将 PLC 输出 0～10V 电压转换成 0～24V 电压，并把电流放大到足以驱动该直流电动机。

表 2-2　ZYTD－38SRZ－R 直流电动机参数

规格	电压/V	空载转速/(r/min)	空载电流/A	额定转矩/(N·m)	额定功率/W
ZYTD－38SRZ－R	24	2000	0.05	0.35	7

（2）组态界面

　　组态操作界面如图 2-20 所示，组态界面设置"起动""停止"两个按钮、"运行指示"指示灯、"转速设置"输入框。"转速设置"输入框设定输入转速后，单击起动按钮，直流电动机正转运行，运行指示灯亮。电动机的转速通过修改转速设置值可以任意改变。

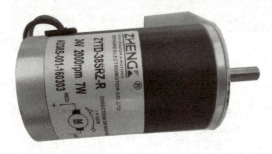

图 2-19　直流电动机

图 2-20　组态操作界面

（3）变量对应关系

触摸屏和 PLC 数据变量的对应关系见表 2-3。

表 2-3　触摸屏和 PLC 数据变量的对应关系

触摸屏	起动按钮	运行指示灯	停止按钮	转速设置输入框
三菱 FX5U PLC	M0	M10	M1	D0

2 组态设计

在编辑界面中输入文字，单击"静态文字"按钮 **A** ，在初始界面中单击左键释放，显示图 2-21 所示界面，在"字符串"文本框中输入"直流电动机转速控制"，设置字体为"12 点阵高质量黑体"，文本尺寸为"4 × 4"，然后选择文本颜色和背景色，设置显示方向为"横向"，汉字圈为"中文（简体）宋体"。"转速设置"参照"直流电动机转速控制"设置完成。

图 2-21　文本的输入

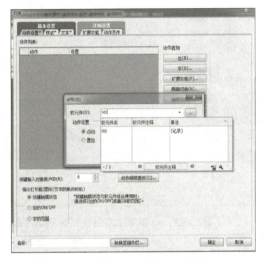

图 2-22　位开关动作设置

单击 按钮，选择"位开关"，在界面上拖动到合适的大小，双击"位开关"，弹出图 2-22 所示对话框，软元件的地址类型选择"M"，地址为"0"，动作设置为"点动"，指示灯功能设置为"按键触摸状态"；再打开"文本"选项卡，字体选择"12 点阵高质量黑体"，在"字符串"文本框中输入"起动"，文本颜色和文本尺寸设置如图 2-23 所示；在"样式"选项卡中，选中按键触摸状态 OFF，在"图形"下拉列表框中选择"SW_03_0_G"，再选择绿色按钮，然后，选中按键触摸状态 ON，选择"SW_03_0_G"，再选择橙色按钮，如图 2-24、图 2-25 所示。停止按钮也参照上述步骤进行设置，地址类型还是"M"，地址为"1"，颜色选红色按钮。

单击 按钮设置指示灯，在界面上拖动到合适大小，双击输入框，把软元件设置为"M10"，选择图形及颜色，如图 2-26 所示。

单击 **123** 按钮设置转速输入框，双击数值显示/输入框，在"软元件"选项卡中设置，如图 2-27 所示，"种类"设置为"数值输入"，数据类型设置为"有符号 BIN16"，字体设置为"12 点阵高质量黑体"，数值尺寸设置为"4 × 4"，显示格式设置为"实数"，整数位 4 位，小数位 1 位；在"样式"选项卡中选择图形，设置是否闪烁，数值颜色设置为绿色，如图 2 - 28 所示；然后在"输入范围"选项卡中设定输入范围为 300 ~ 2000（小于 300r/min 时，由于电压太低，转矩不足，无法起动），如图 2-29 所示；最后根据需要设置运算式，由于 D0 中的数据为进行 D/A 转换前的数据，而输入和显示的是设定转速，设定转速和 PLC 内置模拟量输出模块的输入 D0 之间的关系是：直流电动机的转速与输入电压呈正比关系，当输入直流电压为 24V 时，即 PLC 输出电压为 10V 时，电动机转速为 2000r/min，因此设定转速为 n（r/min）时，需要 PLC 输出的电压 U(V) 为

$$U = 10n/2000 \qquad (2\text{-}1)$$

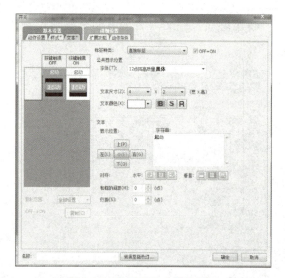

图 2-23　位开关文本属性设置　　　　　　图 2-24　位开关样式设置

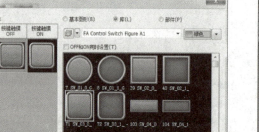

图 2-25　图像一览表

图 2-26　指示灯设置

PLC 输出电压与 PLC 内部数据之间也是正比关系，数据输入 4000 时，输出电压为 10V，则

$$U/10 = D0/4000 \qquad (2\text{-}2)$$

由式（2-1）和式（2-2）可以得出

$$D0 = 2n \qquad (2\text{-}3)$$

由式（2-3）可以得出，在写入运算中，监视值为 D0，写入的数据为 n，运算式应为 $n = D0/2$；而在监视运算中，监视的值应该是 D0，运算式为 D0 = 2n，设置界面如图 2-30 所示。

图2-27　转速输入框软元件设置

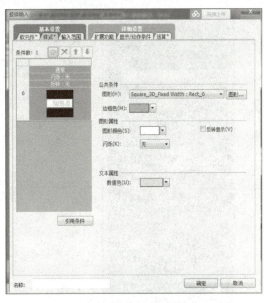

图2-28　转速输入框样式设置

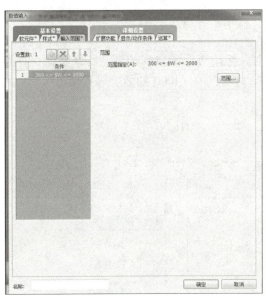

图2-29　转速输入框的输入范围设置

图2-30　转速输入框的运算设置

3 PLC 程序设计

在本任务的控制要求中，需要把数字量给 PLC，然后由 PLC 输出 0~10V 模拟电压信号使直流电动机转动，因此需要用到 PLC 的模拟量输出功能。使用模拟量输出功能需要对相应模块参数进行设置。

（1）模拟量输出功能的设置

模拟量输出功能设置需要两个步骤：①通过导航窗口找到"模拟输出"模块参数；②设置 D/A 转换允许和 D/A 输出允许，如图2-31 所示。

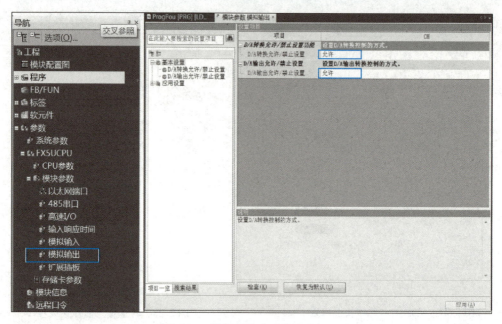

图 2-31　模拟量输出功能参数设置

（2）模拟量输出功能的使用

FX5U PLC 内置一路模拟量输出模块，使用时，把待转换的数据传送到特殊辅助寄存器 SD6180 即可，内置模拟量模块功能就是把 SD6180 内部的 0 ~ 4000 的数据转换成 0 ~ 10V 的模拟电压。

（3）参考 PLC 程序

根据任务要求，参考程序如图 2-32 所示。

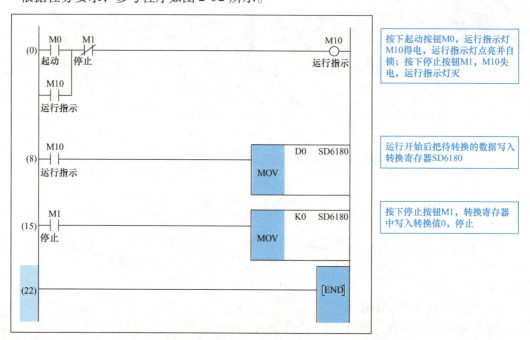

图 2-32　参考程序

按下起动按钮，M0 接通，M10 接通并自锁，把 D0 中的数据传送到 SD6180 进行转换，只要 SD6180 中数据不为 0，则一直有模拟量输出，直流电动机运行；若按下停止按钮 M1，把 0 写入 SD6180，同时由于 M10 断开，D0 的输出将不再写入到 SD6180，电动机停止运行。

 任务考核

任务完成后，按照表 2-4 进行评分。

表 2-4　评分表

评分表 _____学年		工 作 形 式 □个人　　□小组分工		工作时间：____分钟	
任务	评价内容	评 分 要 求		学生自评	教师评分
FX5U PLC 与触摸屏 直流电动机 调速控制	1. 系统硬件连接与程序下载（35 分）	控制系统硬件连接：10 分 程序设计：10 分 模拟量输出模块参数设置：10 分 PLC 程序下载：5 分			
	2. 触摸屏 IP 地址设置和程序下载（25 分）	组态界面的设计：20 分 组态界面下载：5 分			
	3. 触摸屏监控功能测试（30 分）	通信状态判断：10 分 监控功能测试：20 分			
	4. 职业素养与安全意识（10 分）	注意现场安全保护 工具、器材、导线等处理操作符合职业要求 有分工有合作，配合紧密 遵守纪律，保持工位整洁			

学生_____　教师_____　日期_____

 练习与提高

1. 本任务中，若实现停止的方式改为直接停止模拟电压输出，在程序或者参数设置中需要怎么做？

2. 对照手册找出模拟量输出模块对应着哪些辅助继电器和数据寄存器。

3. 本任务中如何实现电动机的反转？

任务 3　FX5U PLC 与触摸屏温度采集监控

 任务目标

1. 通过内置模拟量输入模块采集温度传感器信号、模拟量输出模块输出电压模拟加热。

2. 设计触摸屏监控画面，能显示实时温度和温度变化趋势图。

3. 掌握温度控制 PLC 程序的编写与运行调试。

任务描述

为了更好地适应农作物生长，某蔬菜大棚拟对大棚温度进行控制，需要设计一套温度自动控制调节系统，具体要求如下：

1. 按下启动按钮，系统开始运行

1）若当前温度＜下限温度时，温控装置开始加热，直至加热至上限温度后，停止加热。

2）若当前温度＞上限温度时，排风扇工作排风降温。

3）若下限温度＜当前温度＜上限温度时，不加热，不排风。

2. 触摸屏设计

1）触摸屏中能设置上下限温度值、显示当前温度实时值和设置加热器输出电压值。

2）触摸屏上显示温度变化趋势实时图，图中有当前温度、上限温度、下限温度标尺和实时温度曲线。

任务训练

1　系统方案

该系统中，FX5U PLC 输入信号连接温度传感器、按钮，输出信号控制加热器工作电压和排风扇启停，并能在触摸屏上进行监控，控制系统方案如图 2-33 所示。触摸屏监控画面如图 2-34 所示。

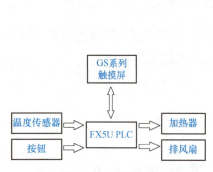

图 2-33　系统方案

图 2-34　触摸屏监控画面

FX5U PLC 通过内置模拟量输入模块，将温度传感器 Pt100（检测温度为 0 ~ 100℃）的信号经变送器转换成 0 ~ 10V 的直流模拟电压，转换成数字量送入 PLC，实时显示系统采集温度。通过内置模拟量输出模块，将数字量转换为直流模拟电压信号输出，连接小功率加热器模块，模拟温度上升情况。旋钮开关 SA0 作为系统启动控制端连接输入端子 X0，输出端子 Y0 连接 24V 小功率排风扇，通过启停控制模拟排风降温任务。温度控制电气原理图如图 2-35 所示。

2 FX5U PLC 内置模拟量模块介绍

FX5U PLC 内置模拟量模块具有 2 路输入、1 路输出，其端子排如图 2-36 所示。

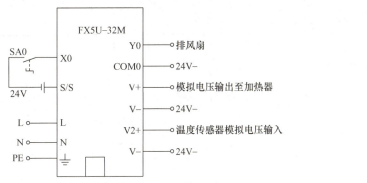

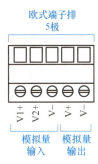

图 2-35　温度控制电气原理图　　　　图 2-36　内置模拟量端子排

（1）内置模拟量模块输入功能简介

FX5U PLC 内置模拟量模块输入端子规格见表 2-5，其中 V1 + 与 V − 为第 1 路模拟量输入，V2 + 与 V − 为第 2 路模拟量输入，输入电压为 DC 0 ~ 10V（输入电阻 115.7kΩ），当输入不同的电压值时，V1 + 与 V − 对应的模拟量特殊寄存器 SD6020 输出 0 ~ 4000 的数字量，V2 + 与 V − 对应的模拟量特殊寄存器是 SD6060。

表 2-5　模拟量模块输入端子规格

项　　目		规　　格
模拟量输入点数		2 点（2 通道）
模拟量输入	电压	DC 0 ~ 10V（输入电阻 115.7kΩ）
数字输出		12 位无符号二进制
软元件分配		SD6020（通道 1 的输入数据）
		SD6060（通道 2 的输入数据）
输入特性、最大分辨率	数字输出值	0 ~ 4000
	最大分辨率	2.5mV
精度（相对于数字输出值满量程的精度）	环境温度（25 ± 5）℃	± 0.5%（ ± 20digit[2]）以内
	环境温度 0 ~ 55℃	± 1.0%（ ± 40digit[2]）以内
	环境温度 − 20 ~ 0℃[1]	± 1.5%（ ± 60digit[2]）以内
转换速度		30μs/CH（数据的更新为每个运算周期）
绝对最大输入		− 0.5V、 + 15V
绝缘方式		与 CPU 模块内部非绝缘，与输入端子之间（通道间）非绝缘
输入/输出占用点数		0 点（与 CPU 模块最大输入/输出点数无关）

① 不支持 2016 年 6 月前的产品。

② digit 为数字值。

（2）内置模拟量模块输出功能简介

FX5U PLC 内置模拟量模块输出端子规格见表2-6，V＋与V－为模拟量输出，模拟量特殊寄存器为 SD6180。将 0～4000 的值输入到特殊寄存器 SD6180 中，它将在 V＋与 V－端子输出 DC 0～10V 的电压。

表 2-6　模拟量模块输出端子规格

项　　　目		规　　　格
模拟量输出点数		1 点（1 通道）
数字输入		12 位无符号二进制
模拟量输出	电压	DC 0～10V（外部负载电阻值 2kΩ～1MΩ）
软元件分配		SD6180（通道 1 的输出设定数据）
输出特性、最大分辨率①	数字输入值	0～4000
	最大分辨率	2.5mV
精度②（相对于数字输出值满量程的精度）	环境温度（25±5）℃	±0.5%（±20digit④）以内
	环境温度 0～55℃	±1.0%（±40digit④）以内
	环境温度 −20～0℃③	±1.5%（±60digit④）以内
转换速度		30μs（数据的更新为每个运算周期）
绝缘方式		与 CPU 模块内部非绝缘
输入/输出占用点数		0 点（与 CPU 模块最大输入/输出点数无关）

① 0V 输出附近存在死区，相对于数字输入值，存在部分模拟量输出值未反映的区域。

② 已用外部负载电阻 2kΩ 进行了出厂调节。因此如果比 2kΩ 高，则输出电压会略高。1MΩ 时，输出电压最多高出 2%。

③ 不支持 2016 年 6 月前的产品。

④ digit 为数字值。

3　程序设计与模块参数设置

（1）程序设计

温度控制的参考程序如图 2-37 所示，输入信号硬件连接的是内置模拟量输入模块第 2 路通道。

（2）模块参数设置

打开 PLC 编程界面左侧"导航"目录树，单击 ⊞ 图标依次选择"参数"→"FX5UCPU"→"模块参数"→"模拟输出"，如图 2-38 所示。双击"模拟输出"选项，将"D/A 转换允许/禁止设置"和"D/A 输出允许/禁止设置"均设置为"允许"，然后单击"应用"按钮，完成设置后，可关闭该界面，如图 2-39 所示。双击"模拟输入"选项，分别将 CH1 和 CH2 的"A/D 转换允许/禁止设置"设置为"允许"，然后单击"应用"按钮，完成设置后，可关闭该界面，如图 2-40 所示。

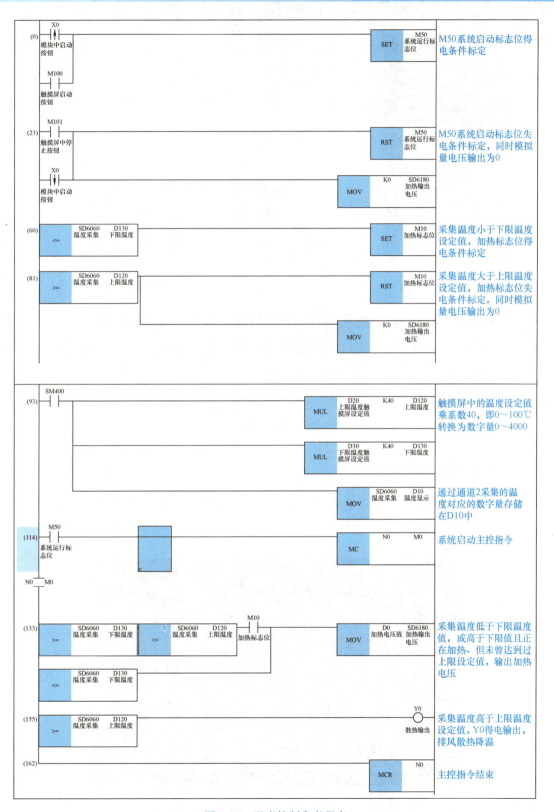

图 2-37　温度控制参考程序

图 2-38　模拟输出选项

图 2-39　模拟输出设置项目

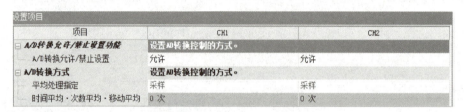

图 2-40　模拟输入设置项目

4　组态界面设计

触摸屏组态界面设计如图 2-41 所示，界面中包含启动按钮和停止按钮，系统运行指示灯，温度上限值、温度下限值和加热电压数值输入框，实时温度显示框，温度变化趋势图表。

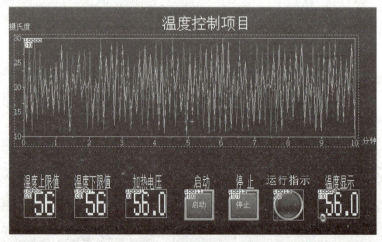

图 2-41　温度控制组态效果图

其变量对应关系见表2-7。

表2-7　变量对应关系

触摸屏变量	温度上限值	温度下限值	加热电压	启动按钮	停止按钮	运行指示灯	温度显示
PLC变量	D120	D130	D0	M100	M101	M50	D10

在编辑界面中，标题文字由"文本" A 构件完成；启动按钮和停止按钮由"开关" 中的"位开关"构件完成；运行指示灯由"指示灯" 中的"位指示灯"构件完成；温度上限值、温度下限值和加热电压数值输入框由"数值显示/输入" 123 中的"数值输入"构件完成；实时温度显示框由"数值显示/输入" 123 中的"数值显示"构件完成；温度变化趋势图表由"图表" 中的"趋势图表"构件完成。

（1）启动按钮、停止按钮及运行指示灯组态设置

启动按钮组态设置如图2-42所示，停止按钮组态设置类似，分别将M100、M101设置到对应"位开关"对话框的"软元件"中。

指示灯实现系统的运行状态指示，其组态设置如图2-43所示，将M50设置到对应"位指示灯"对话框的"软元件"中。

图2-42　启动按钮组态设置

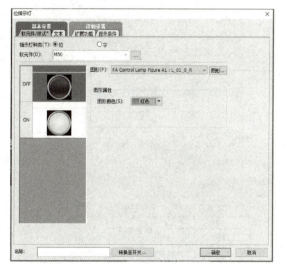

图2-43　运行指示灯组态设置

（2）温度上限值和温度下限值组态设置

温度上限值和温度下限值在"数值输入"对话框的"软元件"选项卡中设置，将"种类"设置为"数值输入"，"软元件"分别设置为D120、D130，"数据类型"设置为"无符号BIN16"，"显示格式"设置为"有符号10进制数"，"整数部位数"设置为"2"，如图2-44所示。

（3）加热电压组态设置

加热电压在"数值输入"对话框中的"软元件"选项卡中进行设置，与温度设置基本相同，主要区别在于"小数部位数"设置为"1"，如图2-45所示。在"运算"选项卡中，"运算种类"选择"数据运算"，数据运算中"监视"和"写入"均选择"运算式"。然后，分别单击"监视"和"写入"选项最后的"运算式"按钮，弹出"式的输入"对话框，将运算式分别设置为"$\$\$/400$"和"$\$W*400$"，如图2-46、图2-47所示。这里是根据模拟量输出模块寄存器0～4000对应输出0～10V，因此换算得出系数为400的。设置完毕后，单击"确定"按钮，退回到"运算"选项卡，如图2-48所示。

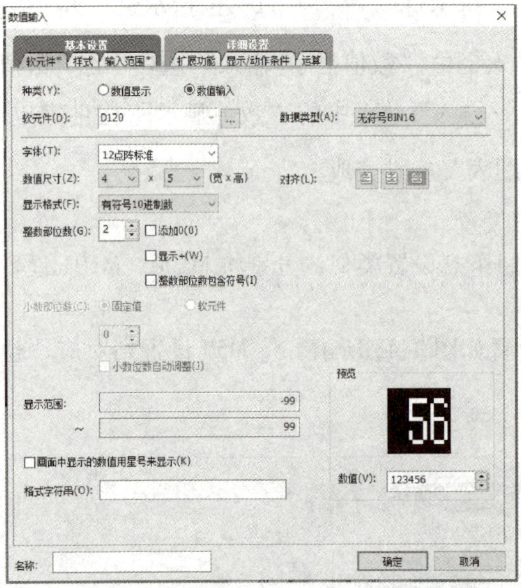

图2-44　温度上限软元件设置

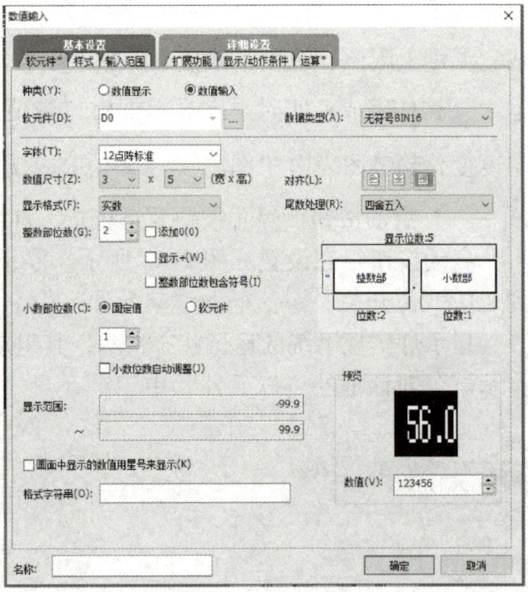

图2-45　加热电压输入设置

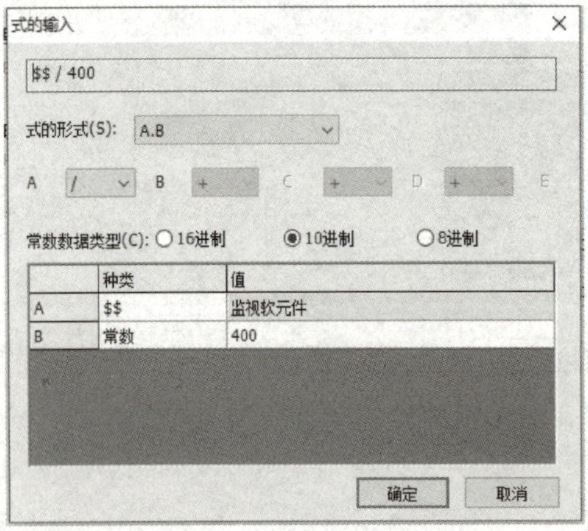

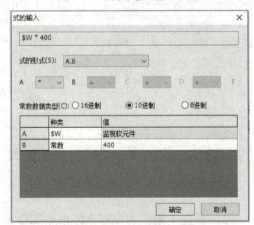

图2-46　监视运算式输入

图2-47　写入运算式输入

（4）实时温度显示组态设置

实时温度显示"软元件"选项卡界面如图2-49所示，参照前述操作进行设置。因为SD6060数字量范围0～4000对应温度0～100℃，故运算系数设置为40，如图2-50所示。

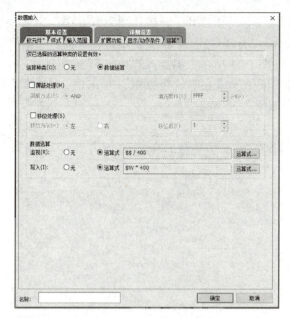

图2-48　数据运算设置完毕　　　　　　图2-49　实时温度显示软元件设置

（5）温度变化趋势图表组态设置

在对象图表中选择趋势图表，双击进入"基本设置"栏中的"数据"选项卡，如图2-51所示，将"图表种类"设置为"趋势图表"，"图表数目"设置为"3"（温度上限值、实时温度、温度下限值），"点数"设置为"120"（X轴为10min即600s，每5s显示一次温度值），"显示方向"为"向右"，"绘图模式"为"笔录式显示"，"点类型"为"直线"，"数据类型"为"无符号BIN16"，"软元件设置"为"随机"，并在设置框中分别设置"软元件""数据运算""线属性"，下限值选择"固定值"并设置为"10"，上限值选择"固定值"并设置为"30"，则显示范围为10～30℃。

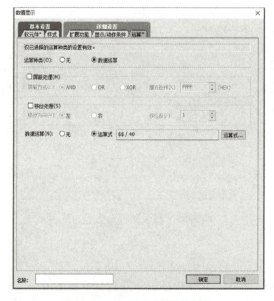

图2-50　温度显示运算设置　　　　　　图2-51　趋势图表数据设置

在"样式"选项卡中，选择轴位置"左（F）"和"下（B）"，按照图2-52、图2-53所示分别设置对应刻度参数。轴位置"上（P）"和"右（G）"不需要显示，因此将"主刻度显示"和"刻度值显示"复选框取消勾选，如图2-54所示。温度设置为每5s采集显示一次，因此需要在"显示条件"选项卡中，勾选"仅触发成立时收集数据"复选框，并将周期值设置为"50"（50×100ms即为5s触发），如图2-55所示。

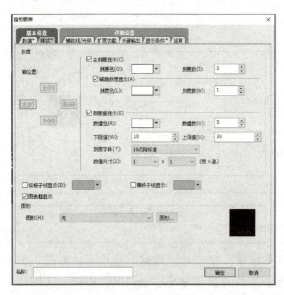

图2-52　温度轴刻度显示参数设置

图2-53　时间轴刻度显示参数设置

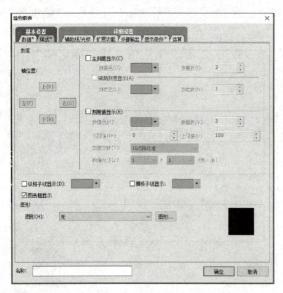

图2-54　右上轴参数设置

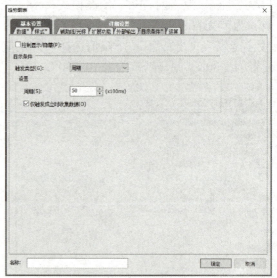

图2-55　显示条件参数设置

5　运行调试

PLC程序和触摸屏程序都设计完成后，分别对其进行下载和重启，通过操作触摸屏中的启动按钮和停止按钮控制系统的运行与否，设置不同的温度上限值和温度下限值，对实时温度进行比较后，系统分别工作在加热状态、保持状态和排风散热状态。观察温度显示曲线趋势图，能对曲线显示是否正常做出评价。

任务完成后，填写评分表2-8。

表2-8 评分表

评分表	_____学年	工 作 形 式 □个人 □小组分工		工作时间：____分钟
任务	评价内容	评分要求	学生自评	教师评分
FX5U PLC 与 触摸屏 温度采集监控	1. 设计安装硬件系统 （20分）	设计电路原理图：10分 硬件系统的安装：10分		
	2. PLC程序设计（30分）	PLC程序的设计：15分 模拟量模块的参数设置：15分		
	3. 组态界面制作（30分）	触摸屏画面组态：30分		
	4. 运行调试（20分）	程序下载与以太网连接：5分 运行调试：15分		

学生_____ 教师_____ 日期_____

1. 若趋势图表温度显示范围为15～35℃，温度主刻度为5℃，辅助刻度为1℃；时间轴要求显示20min，点数设置为"200"，时间主刻度为5min，辅助刻度为1min，请编辑组态界面。

2. 若温度传感器检测温度范围为0～200℃，输出电压为0～10V，请算出温度转换为数字量的系数。

3. 如果PLC中删除掉上限温度和下限温度乘以系数40部分的程序，则触摸屏中该如何修改？

任务4 FX5U PLC、触摸屏与步进电动机转速监控

1. 能进行PLC控制步进电动机的方案设计，并连接硬件。
2. 熟练掌握触摸屏监控画面组态设计。
3. 掌握触摸屏界面和PLC程序的参数设置、程序下载与调试。

任务描述

FX5U PLC控制一台步进电动机的停止、正转、反转运行，并能在触摸屏上设定、监视步进电动机的转速。

任务训练

1 系统设计

（1）系统组成

系统由三菱 GS2107 触摸屏、三菱 FX5U－32MT／ES PLC、步进电动机驱动器 YKA2304ME、步进电动机 42BYGH107、网线、24V 开关电源组成，系统组成如图 2-56 所示。

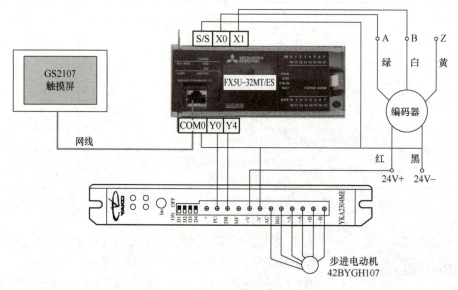

图 2-56　步进电动机转速监控系统

（2）组态监控画面

组态界面设置正转、反转、停止 3 个按钮，在设定转速输入框设定输入转速后，单击正转按钮，步进电动机正转运行，正转指示灯亮。单击反转按钮，电动机反转运行，反转指示灯亮。单击停止按钮，电动机停止运行，指示灯均熄灭。在运行过程中步进电动机的转速通过实际转速显示框显示。其组态监控画面如图 2-57 所示。

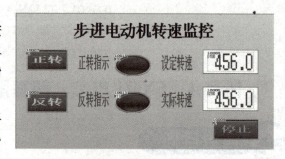

图 2-57　步进电动机组态监控画面

（3）变量对应关系

触摸屏和 PLC 数据对应关系见表 2-9。

表 2-9　触摸屏和 PLC 数据对应关系

触摸屏	正转 按钮	正转 指示灯	反转 按钮	反转 指示灯	停止 按钮	设定转速 输入框	实际转速 显示框
FX5U PLC	M0	M10	M1	M11	M2	D100	D200

2 了解步进电动机与驱动器

（1）步进电动机的介绍

本系统中选择步进电动机的型号为天津国科电子科技有限公司生产的两相混合型步进电动机42BYGH107，接线图如图2-58所示，其技术数据见

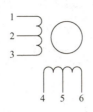

1	2	3	4	5	6
黑	黄	绿	红	白	蓝
A	A COM	A/	B	B COM	B/

图2-58　步进电动机接线图

表2-10。根据表2-10，42BYGH107的步距角为1.8°，工作电压为12V，工作电流为0.4A。

表2-10　42BYGH107两相混合型步进电动机参数表

型号	步距角/ (°)	电压/ V	电流/ A	静转矩/ (g·cm)	定位力矩/ (g·cm)	转动惯量/ (g·cm²)	外形尺寸/ (mm×mm×mm)		
							L	L1	L2
42BYGH107	1.8	12	0.4	2800	<220	32	40	24	300

（2）步进电动机驱动器的设置

YKA2304ME细分驱动器如图2-59所示，是深圳市研控自动化科技有限公司开发的等角度恒力矩细分型高性能步进驱动器，驱动电压为DC 12～40V，采用单电源供电。适配6或8出线、电流在3.0A以下、外径为42～86mm的各种型号的两相混合型步进电动机。

图2-59　YKA2304ME步进电动机驱动器

1）输出电流的设定。步进电动机驱动器输出电流的设定以略大于步进电动机的工作电流为准。42BYGH107步进电动机的工作电流为0.4A，驱动器输出选择0.5A档位，使用螺钉旋具将图2-60所示箭头指向0.5档。

2）细分脉冲数的设定。由拨码开关来控制，对应细分脉冲数见表2-11，在本任务中设

定为 D3 ON、D4 OFF，如图 2-61 所示。

图 2-60 驱动器输出电流的设定

图 2-61 细分脉冲数的设定

表 2-11 YKA2304ME 细分脉冲数

细分脉冲数	1600	3200	6400	12800
D4	ON	OFF	ON	OFF
D3	ON	ON	OFF	OFF
D2	无效			
D1	无效			

（3）驱动器与步进电动机的连接

YKA2304ME 细分驱动器与步进电动机的连接如图 2-62 所示，控制部件（如 PLC）提供步进脉冲信号给 PU 端子、提供方向控制信号给 DR 端子、提供电动机释放信号给 MF 端子。

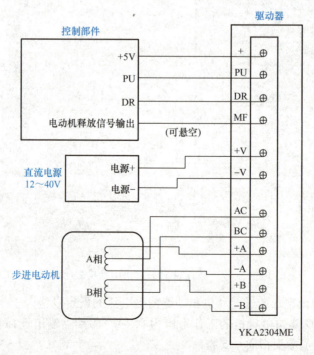

图 2-62 驱动器与步进电动机的连接图

在 + V 和 − V 处提供 24V 直流电源。AC、BC、 + A、 − A、 + B、 − B 接步进电动机对应的相线。步进驱动器各引脚的功能见表 2-12。

表 2-12　YKA2304ME 各引脚功能表

标记符号	功　能	注　释
+	输入信号光电隔离正端	接 +5V 供电电源，5 ~ 24V 均可驱动，高于 +5V 需接限流电阻
PU	步进脉冲信号	下降沿有效，每当脉冲由高变低时电动机走一步。输入电阻 220Ω，要求：低电平 0 ~ 0.5V，高电平 4 ~ 5V，脉冲宽度 > 2.5μs
DR	方向控制信号	用于改变电动机转向。输入电阻 220Ω，要求：低电平 0 ~ 0.5V，高电平 4 ~ 5V，脉冲宽度 > 2.5μs
MF	电动机释放信号	有效（低电平）时关断电机线圈电流，驱动器停止工作，电动机处于自由状态
+ V	电源正极	DC 12 ~ 40V
− V	电源负极	
AC、BC	电动机接线	六出线　　　　八出线
+ A、 − A		
+ B、 − B		

步进电动机运行中，对驱动器的故障由指示灯来指示，各指示灯功能见表 2-13。

表 2-13　指示灯和电位器功能说明

标记符号	功　能	注　释
PWR	电源指示灯	驱动器通电时，绿色指示灯亮
TM	零点指示灯	零点信号有效，有脉冲连续输入时，绿色指示灯点亮
O.H	过热指示灯	过热时，红色指示灯点亮
O.C	过电流/电压过低指示灯	电流过高或者电压过低时，红色指示灯亮
Im	电机线圈电流设定电位器	调整电动机相电流，逆时针减小，顺时针增大

3　了解编码器

编码器与步进电动机轴经联轴器连接，把步进电动机旋转的角度转换成脉冲数，通过脉冲数反馈步进电动机转过的角度及转速。本任务中用的编码器为瑞普安华高电子科技有限公司生产的 ZSP3806 − 003G − 360BZ3 − 5 − 24F，分辨率为 360 线，即电动机转一圈，编码器输出脉冲为 360 个，如图 2-63 所示。其硬件连接见图 2-56。

4　组态监控画面设计

（1）新建工程

根据工程新建向导建立步进电动机转速监控文件。

图 2-63　编码器

（2）文本输入

单击"静态文字"按钮 **A**，在初始界面中单击左键释放，在字符串文本框中输入"步进电动机转速监控"，设置字体为"12点阵高质量黑体"，文本尺寸为 4×2，然后选择文本颜色和背景色，显示方向选择横向，并选择"中文（简体）宋体"，如图2-64所示。正转指示、反转指示、设定转速、实际转速参照"步进电动机转速监控"设置完成。

图2-64　文本输入

（3）按钮设置

单击 ，选择"位开关"，在界面上拖动到合适的大小，双击"位开关"，弹出图2-65所示对话框，在"软元件"选项卡中，选择软元件的地址类型为"M"，地址为"0"，动作设置为"点动"，指示灯功能设置为"按键触摸状态"；再打开"文本"选项卡，字体选择"12点阵高质量黑体"，字符串为"正转"，文本颜色和文本尺寸设置如图2-66所示；在"样式"选项卡中，在"图形"下拉列表框中选择"34 SW_02_1"，再选择蓝色按钮，如图2-67、图2-68所示。反转按钮参照上述方法进行设置，地址类型还是"M"，地址为"1"，颜色选择蓝色。停止按钮也参照上述方法进行设置，地址类型还是"M"，地址为"2"，颜色选择红色。

图2-65　位开关对话框

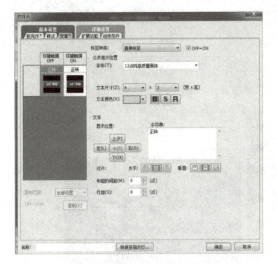

图2-66 位开关文本属性设置

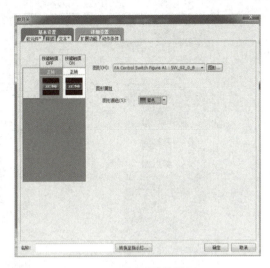

图2-67 图形属性设置

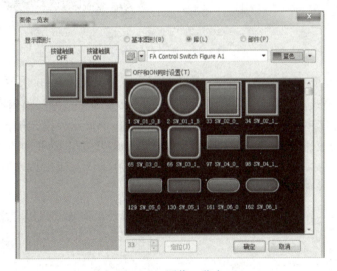

图2-68 图像一览表

（4）指示灯设置

单击 ，按住鼠标左键在界面中选择大小，然后双击输入框，在弹出的对话框中把软元件设为"M10"，选择图形及颜色，如图2-69所示。反转指示灯参照上述步骤进行设置，软元件设为"M11"。

（5）设定转速输入框的设置

单击 ，双击数值显示/输入框，在"软元件"选项卡中进行设置，如图2-70所示，"种类"设置为"数值输入"，"数据类型"设置为"有符号BIN16"，"字体"设为"12点阵高质量黑体"，"数值尺寸"设为4×6，"显示格式"设为"实数"，"整数部位数"设为3位，"小数部位数"设为1位；如图2-71所示，在"样式"选项卡中选择图形及是否闪烁，"数值色"设为黄色；然后设置输入范围，打开"基本设置"栏中的"输入范

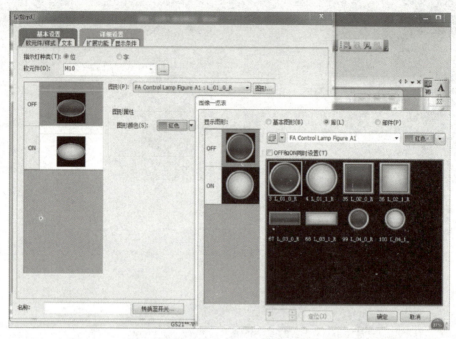

图 2-69　指示灯的设置

围"选项卡，单击 ![按钮] 按钮增加输入范围，这里根据实际情况设为 0～600，如图 2-72 所示；最后根据需要设置运算式，如图 2-73 所示，设定转速 D100 中的数据要转换为脉冲频率写入 PLC，而 PLC 中的脉冲频率要监视读取至触摸屏 D100 中显示，设定转速和脉冲频率之间的关系是"设定转速（r/min）= 脉冲频率（Hz）×60/步进电动机细分后每转脉冲数"，所以写入 PLC 脉冲频率的运算式为"设定转速 ×3200/60"，而读取至触摸屏的设定转速监视的运算式为"脉冲频率 ∗60/3200"。

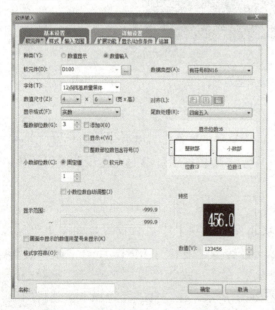

图 2-70　设定转速输入框软元件设置

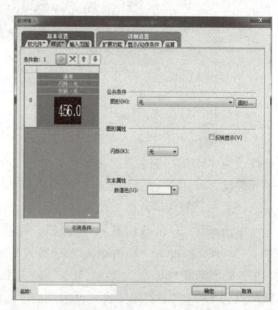

图 2-71　设定转速输入框样式设置

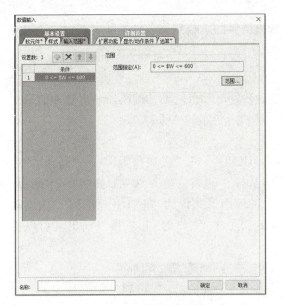

图 2-72　输入范围设置

图 2-73　设定转速输入框的运算设置

（6）实际转速显示框的设置

单击 123 ，双击数值显示/输入框，在"软元件"选项卡中进行设置，如图 2-74 所示，"种类"设置为"数值显示"，"数据类型"设置为"有符号 BIN16"，"字体"设为"12 点阵高质量黑体"，"数值尺寸"设为 4×6，"显示格式"设为"实数"，"整数部位数"设为 3 位，"小数部位数"设为 1 位。

图 2-74　实际转速显示框软元件设置

（7）工程下载

组态界面编写完成后，进行工程下载，将触摸屏界面下载到三菱触摸屏中。

5 编写 PLC 程序

本任务的控制要求中，PLC 发出脉冲信号驱动步进电动机转动，编码器输出脉冲信号送入 PLC 监控实际转速。因此，需要进行输出脉冲和高速计数输入采样。

（1）模块参数设置

1）输出功能的设置。选择"参数"→"FX5UCPU"→"模块参数"→"高速 I/O"命令，在弹出的"模块参数 高速 I/O"对话框中选择"输出功能"选项，如图 2-75 所示。双击"定位"→"详细设置"选项，将轴 1 的脉冲输出模式设为"PULSE/SIGN"，输出软元件 Y0 作为 PULSE 信号输出（不可更改），输出软元件 Y4 作为 SIGN 信号输出（可以更改），如图 2-76 所示。

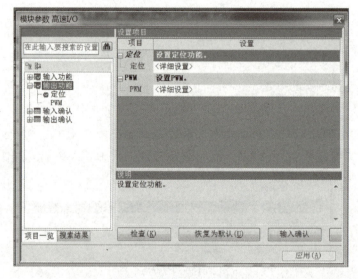

图 2-75　高速输出设置入口

2）高速输入功能的设置。本任务中需要将编码器采集的脉冲信号高速输入到 FX5U PLC。选择"参数"→"FX5UCPU"→"模块参数"→"输入响应时间"命令，在弹出的对话框中双击"输入响应时间"选项，如图 2-77 所示，把所用通道 X0、X1 的响应时间设为 10μs。然后，双击模块参数下的"高速 I/O"，进行"输入功能"中高速计数器的"详细设置"，如图 2-78、图 2-79 所示。对于 CH1，选择"使用"，设置运行模式为"旋转速度测定模式"，脉冲输入模式为"1 相 1 输入（S/W 上升/下降切换）"，每转的脉冲数为 360。

（2）PLC 样例程序

根据任务要求，样例参考程序如图 2-80 所示。

（3）脉冲输出与高速计数器指令

1）脉冲输出（PLSY）指令。PLSY 指令为高速脉冲输出指令。PLSY 指令定义如图 2-81 所示，当 M0 接通后，在轴 1 上的输出脉冲频率为 D100 寄存器内的数值，总计输出 3200 个脉冲后停止输出。当脉冲数设为 0 时，则连续输出脉冲。

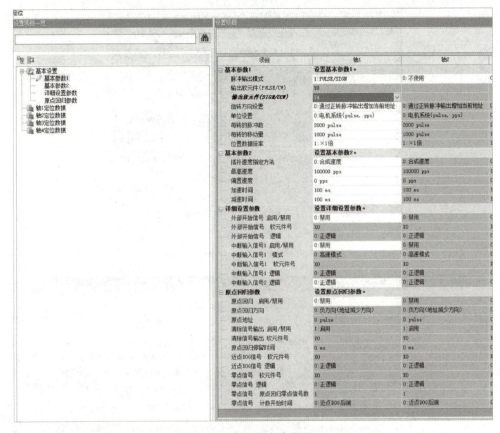

图 2-76　高速输出参数设置

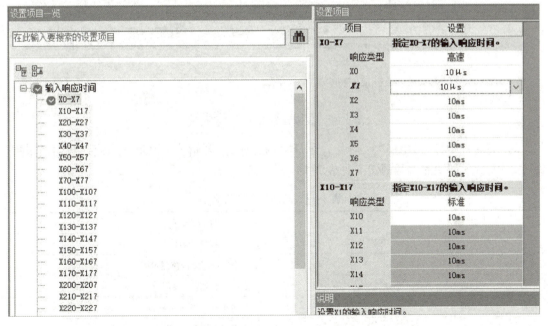

图 2-77　设置输入响应时间

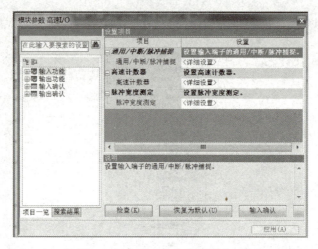

图 2-78　高速 I/O 参数设置入口

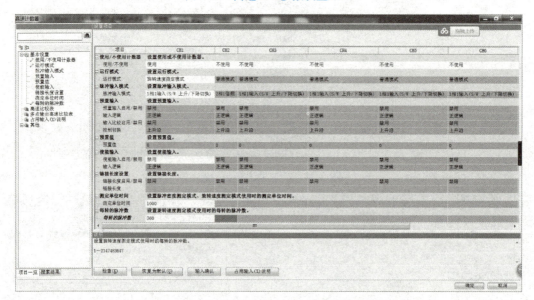

图 2-79　高速计数器通道参数设置

2）高速计数器（HIOEN）指令。当 M100 接通后，开始第 1 通道的高速计数输入采集，如图 2-82 所示。功能编号的定义见表 2-14。

表 2-14　功能编号的定义

功 能 编 号	功 能 名 称
0	高速计数器
10	脉冲密度/转速测定
20	高速比较表
30	多点输出高速比较表
40	脉冲宽度测定
50	PWM

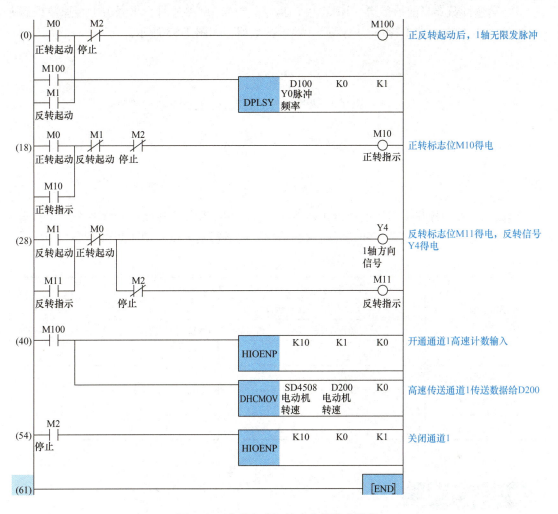

图 2-80　步进电动机转速监控参考程序

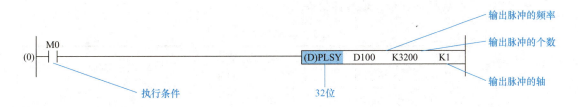

图 2-81　PLSY 指令定义

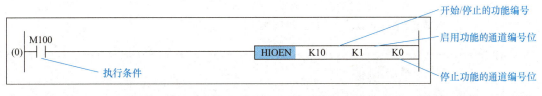

图 2-82　HIOEN 指令定义

3）高速计数器当前值传送（HCMOV）指令。当 M100 接通时，将通道 1 转速数据高速计数传送给目标寄存器 D200，并保留 SD4508 的数据，如图 2-83 所示。

图 2-83　HCMOV 指令定义

6 运行调试

调试时，按照操作步骤依次单击正转按钮、反转按钮和停止按钮，观察各个按钮和指示灯的颜色变化，以及设定转速和实际转速的情况，把运行结果填入功能测试表 2-15 中。

表 2-15　功能测试表

操作步骤	观察项目					
	触摸屏				PLC	
	正转指示灯颜色	反转指示灯颜色	设定转速	实际转速	Y0 亮灭	Y4 亮灭
单击正转按钮						
单击停止按钮						
单击反转按钮						
单击停止按钮						

任务完成后完成任务评价，填写评价表 2-16。

表 2-16　评价表

评分表　　____学年		工 作 形 式 □个人　□小组分工		工作时间：____分钟	
任务	评价内容	评 分 要 求		学生自评	教师评分
FX5U PLC、触摸屏与步进电动机转速监控	1. 设 计 硬 件 系 统（35 分）	硬件系统设计、安装：35 分			
	2. 建立工程（45 分）	选择触摸屏型号：5 分 通信参数设置：10 分 组态界面设计：30 分			
	3. 下载工程（20 分）	连线下载：5 分 运行调试：15 分			

学生_____　教师_____　日期_____

练习与提高

1. 任务设置完成后，若通信连不上，从何处可以看出？如何检查和修改？

2. 设计一个步进电动机控制程序，要求正转 3 圈，反转 3 圈，在触摸屏上分别显示正转和反转及各自旋转的角度。

3. 建立一个工程，要求能实现电动机的正反转延时控制，按下起动按钮后，电动机正转，延时 5s 后，电动机开始停止，再过 8s 后电动机开始反转运行，按下停止按钮，电动机停止。试设计电路并在触摸屏和 PLC 上实现。

项目3
FX5U PLC、触摸屏与变频器的典型应用

本项目主要介绍三菱 FX5U PLC 通过各种内置模块控制三菱变频器运行的典型应用，并在触摸屏上设计组态界面进行系统监控。

任务1 认识三菱 E700 系列变频器及参数设置

1. 掌握变频器的功能及组成。
2. 掌握变频器的主电路和控制电路端子功能及连接。
3. 掌握变频器参数设置的方法。

连接变频器与电动机主电路，通过面板设置变频器参数，能进行变频器启动、停止和频率设定操作，以及面板监视变频器当前输出频率、输出电压和输出电流。

1 认识三菱 E700 系列变频器

三菱变频器是利用电力半导体器件的通断作用，将工频电源变换为另一频率电源的电能控制装置。三菱变频器主要采用交-直-交方式（VVVF 或矢量控制变频），先把工频交流电源通过整流器转换成直流电源，然后再把直流电源转换成频率、电压均可控制的交流电源以供给电动机。三菱变频器的电路一般由整流环节、中间直流环节、逆变环节和控制环节 4 个部分组成。整流环节为三相桥式不可控整流器；逆变环节为 IGBT 三相桥式逆变器，且输出为 PWM 波形；中间直流环节的作用为滤波、直流储能和缓冲无功功率。

经济型高性能变频器 E700 系列是 E500 系列的升级版，E 系列变频器价格经济、性能强、故障少，具有可靠性高和实用性强的特点。早在 20 世纪 90 年代末，E 系列变频器就在中国开始销售，在小功率变频器市场占有很高的份额。E700 系列变频器的主要特点如下：

1）功率范围：0.1～15kW。

2）先进磁通矢量控制，0.5Hz 时 200% 转矩输出。

3）扩充 PID，柔性 PWM 控制。

4）内置 Modbus-RTU 协议。

5）停止精度提高。

6）加选件卡 FR-A7NC，可以支持 CC-Link 通信。

7）加选件卡 FR-A7NL，可以支持 LONWORKS 通信。

8）加选件卡 FR-A7ND，可以支持 Device Net 通信。

9）加选件卡 FR-A7NP，可以支持 Profibus-DP 通信。

2 **三菱 E700 系列变频器的型号命名**

三菱 E700 系列变频器实物外观图及型号命名规则如图 3-1 所示。

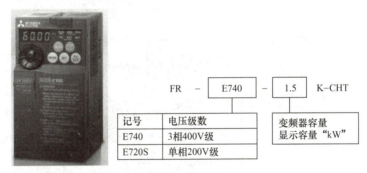

图 3-1　三菱 E700 系列变频器实物外观图及型号命名规则

3 **三菱 E700 系列变频器的各组成部分及功能作用**

（1）组成部分及功能作用

三菱 E700 系列变频器组成部分的功能作用见表 3-1，各组成部分分解图如图 3-2 所示。

表 3-1　三菱 E700 系列变频器各部位名称及功能内容

编　号	名　　称	功　能　内　容
1	操作面板	可对变频器进行参数设置、操作和运行状态显示
2	PU 接口	可进行 RS-485 通信
3	电压/电流输入切换开关	电流输入时，设置为"I"；电压输入时，设置为"V"
4	USB 接口盖	打开 USB 接口盖，可进行 USB 电缆连接
	前盖板	卸下前盖板，可对主电路和控制电路端子排进行连线
	PU 接口盖	打开 PU 接口盖，可进行通信线缆连接
5	容量铭牌	显示变频器型号和制造编号
6	额定铭牌	显示变频器型号、额定输入、额定输出和制造编号
7	梳形配线盖板	用于主电路线路连接的分割配线
8	主电路端子排	用于交流电源输入、变频器输出与电动机的连接

（续）

编　号	名　　　称	功　能　内　容
9	控制逻辑切换跨接器	出厂设置输入信号为漏型逻辑（SINK）；断电的情况下，可用镊子将SINK上的跨接器转换至源型逻辑（SOURCE）
10	标准控制电路端子排	用于控制信号的连接
11	内置选件连接接口	可对内置选件进行连接
12	USB 接口	可通过 USB 线缆，将变频器和计算机连接
13	冷却风扇	对变频器进行散热

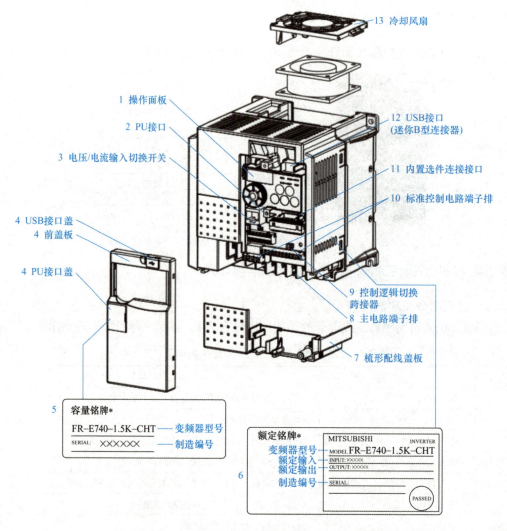

图 3-2　三菱 E700 系列变频器组成部分分解图

（2）主电路端子接线图

主电路端子接线图如图 3-3 所示，端子的功能见表 3-2。

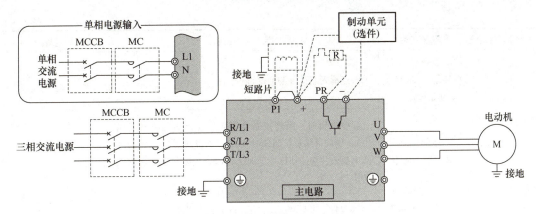

图 3-3　主电路端子接线图

表 3-2　主电路端子功能

端子记号	端子名称	端子功能说明
R/L1、S/L2、T/L3①	交流电源输入	连接工频电源 当使用高功率因数变流器（FR-HC）及共直流母线变流器（FR-CV）时不要连接任何东西
U、V、W	变频器输出	连接三相笼型电动机
+、PR	制动电阻器连接	在端子 + 和 PR 间连接选购的制动电阻器（FR-ABR、MRS 型），（0.1kΩ、0.2kΩ 不能连接）
+、-	制动单元连接	连接制动单元（FR-BU2）、共直流母线变流器（FR-CV）以及高功率因数变流器（FR-HC）
+、P1	直流电抗器连接	拆下端子 + 和 P1 间的短路片，连接直流电抗器
⏚	接地	变频器机架接地用。必须接大地

①单相电源输入时，为端子 L1、N。

（3）控制电路端子接线图

控制电路端子接线图如图 3-4 所示，端子按功能不同主要分为输入信号端子、输出信号端子和通信端口 3 大部分，其端子详细功能说明分别见表 3-3 ~ 表 3-5。

表 3-3　输入信号端子功能

种类	端子记号	端子名称	端子功能说明		额定规格
触点输入	STF	正转启动	STF 信号 ON 时为正转、OFF 时为停止指令	STF、STR 信号同时 ON 时变成停止指令	输入电阻4.7kΩ 开路时电压 DC 21 ~ 26V 短路时 DC 4 ~ 6mA
	STR	反转启动	STR 信号 ON 时为反转、OFF 时为停止指令		
	RH、RM、RL	多段速度选择	用 RH、RM 和 RL 信号的组合可以选择多段速度		
	MRS	输出停止	MRS 信号 ON（20ms 以上）时，变频器输出停止 用电磁制动停止电动机时用于断开变频器的输出		
	RES	复位	复位用于解除保护回路动作时的报警输出。使 RES 信号处于 ON 状态 0.1s 或以上，然后断开 初始设定为始终可进行复位，但进行了 Pr.75 的设定后，仅在变频器报警发生时进行复位。复位所需时间约为 1s		

（续）

种类	端子记号	端子名称	端子功能说明	额定规格
触点输入	SD	触点输入公共端（漏型）（初始设定）	触点输入端子（漏型逻辑）	—
		外部晶体管公共端（源型）	源型逻辑时，当连接晶体管输出（即集电极开路输出），例如可编程控制器（PLC），将晶体管输出用的外部电源公共端接到该端子时，可以防止因漏电引起的误动作	
		DC 24V 电源公共端	DC 24V、0.1A 电源（端子 PC）的公共输出端子 与端子 5 及端子 SE 绝缘	
	PC	外部晶体管公共端（漏型）（初始设定）	漏型逻辑时，当连接晶体管输出（即集电极开路输出），例如可编程控制器（PLC），将晶体管输出用的外部电源公共端接到该端子时，可以防止因漏电引起的误动作	电源电压范围 DC 22～26.5V 容许负载电源100mA
		触点输入公共端（源型）	触点输入端子（源型逻辑）的公共端子	
		DC 24V 电源	可作为 DC 24V、0.1A 的电源使用	
频率设定	10	频率设定用电源	作为外接频率设定（速度设定）用电位器时的电源使用	DC 5V 容许负载电流 10mA
	2	频率设定（电压）	如果输入 DC 0～5V（或 0～10V），在 5V（10V）时为最大输出频率，输入/输出成正比。通过 Pr.73 进行 DC 0～5V（初始设定）和 DC 0～10V 输入的切换操作	输入电阻（10±1）kΩ 最大容许电压 DC 20V
	4	频率设定（电流）	如果输入 DC 4～20mA（或 0～5V、0～10V），在 20mA 时为最大输出频率，输入/输出成比例。只有 AU 信号为 ON 时端子 4 的输入信号才会有效（端子 2 的输入将无效）。通过 Pr.267 进行 4～20mA（初始设定）和 DC 0～5V、DC 0～10V 输入的切换操作。电压输入（0～5V/0～10V）时，请将电压/电流输入切换开关切换至"V"	电流输入的情况下：输入电阻（233±5）Ω 最大容许电流30mA 电压输入的情况下：输入电阻（10±1）kΩ 最大容许电压 DC 20V 电流输入（初始状态）　电压输入
	5	频率设定公共端	频率设定信号（端子 2 或 4）及端子 AM 的公共端子。请不要接大地	—

表3-4　输出信号端子功能

种类	端子记号	端子名称	端子功能说明	额定规格
继电器输出	A、B、C	继电器输出（异常输出）	指示变频器因保护功能动作时输出停止的1c触点输出。异常时：B-C间不导通（A-C间导通）；正常时：B-C间导通（A-C间不导通）	触点容量 AC 230V 0.3A（功率因数=0.4）DC 30V 0.3A
集电极开路输出	RUN	运行中	变频器输出频率为启动频率（初始值0.5Hz）或以上时为低电平，正在停止或正在直流制动时为高电平①	容许负载 DC 24V（最大 DC 27V）0.1A（ON 时最大电压降3.4V）
集电极开路输出	FU	频率检测	输出频率为任意设定的检测频率以上时为低电平，未达到时为高电平①	
集电极开路输出	SE	集电极开路输出公共端	端子 RUN、FU 的公共端子	—
模拟电压输出	AM	模拟电压输出	可以从多种监视项目中选一种作为输出。变频器复位中不被输出 输出信号与监视项目的大小成比例	输出项目：输出频率（初始设定）	输出信号 DC 0~10V 许可负载电流1mA（负载阻抗10kΩ以上）分辨率8位

①低电平表示集电极开路输出用的晶体管处于 ON（导通状态）；高电平表示处于 OFF（不导通状态）。

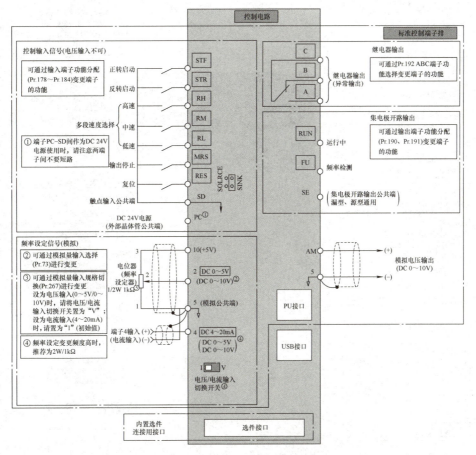

图3-4　控制电路端子接线图

表 3-5　通信端口功能

种类	端子记号	端子名称	端子功能说明
RS-485	—	PU 接口	通过 PU 接口，可进行 RS-485 通信 ● 标准规格：EIA-485（RS-485） ● 传输方式：多站点通信 ● 通信速率：4800 ~ 38400bit/s ● 总长距离：500m
USB	—	USB 接口	与个人计算机通过 USB 连接后，可以实现 FR Configurator 的操作 ● 接口：USB1.1 标准 ● 传输速率：12Mbit/s ● 连接器：USB　迷你-B 连接器（插座　迷你-B 型）

4　变频器的参数设置

变频器的参数可通过操作面板进行设置，操作面板的组成和按键功能如图 3-5 所示。

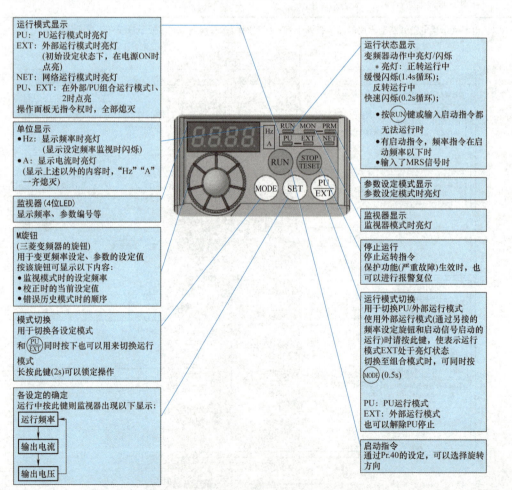

图 3-5　操作面板的组成和按键功能

通过面板操作，可以实现以下功能：①进行运行模式之间的切换；②查看监视器显示实时运行频率、输出电流和输出电压；③进行面板控制的启动、停止和运行频率设定操作；④进行变频器参数的设置；⑤查看报警历史参数和报警复位操作。具体的操作流程如图3-6所示。

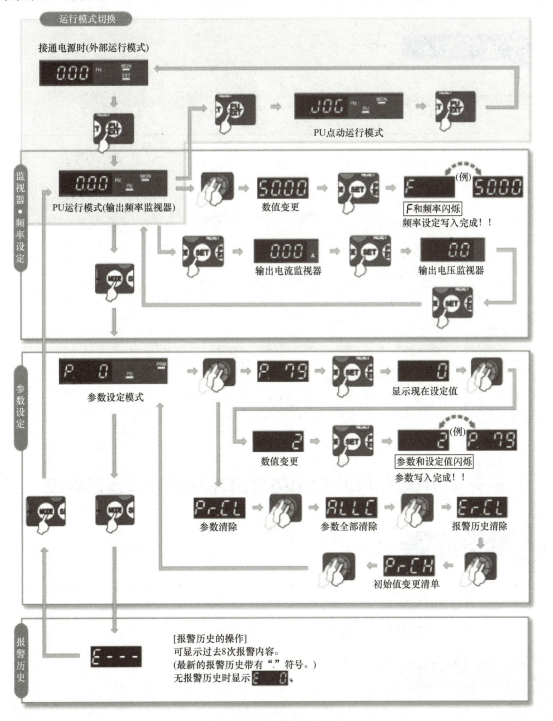

图3-6　面板设置参数操作

5 运行调试

连接变频器与电动机主电路，通过面板操作实现电动机的起动、停止和频率设定，并能查看当前输出电流和输出电压。

任务完成后进行评分，评分表见表3-6。

表3-6 评分表

评分表 _____学年	工作形式 □个人 □小组分工		工作时间：____分钟	
任务	评价内容	评分要求	学生自评	教师评分
认识三菱 E700 系列变频器及参数设置	1. 变频器与电动机主电路连接（30分）	变频器与电动机主电路连接：30分		
	2. 面板启动、停止、频率设定和监视（30分）	面板启动、停止：10分 频率设定：10分 输出电流、电压监视：10分		
	3. 变频器参数设定（30分）	变频器参数设定：30分		
	4. 职业素养与安全意识（10分）	现场安全保护：2分 工具、器材、导线等处理操作符合职业要求：3分 有分工有合作，配合紧密：3分 遵守纪律，保持工位整洁：2分		

学生_____ 教师_____ 日期_____

任务2 FX5U PLC 模拟量输出控制变频器运行频率

任务目标

1. 会用 FX5U PLC 输出信号连接变频器的输入端子，实现变频器的外部端子控制。
2. 设计触摸屏监控画面。
3. 掌握触摸屏通过 PLC 控制变频器运行和调试方法。

任务描述

通过触摸屏上的正转、反转和停止按钮控制一台电动机的正反转运行与停止；正反转运行状态分别由正反转指示灯显示；触摸屏可设置运行频率（小数点后保留1位）。

任务训练

1 系统方案设计

FX5U PLC 连接一台三菱 E740 变频器，采用变频器外部端子控制方式，控制变频器的运行频率和正反转，并在触摸屏上进行监控，连接方案如图 3-7 所示。

FX5U PLC 输出端子 Y0、Y1 连接变频器的 STF、STR 正反转控制端子，实现对变频器的正反转控制。FX5U PLC 通过内置模拟量输出模块，将数字量转换为直流电压信号输出，连接变频器模拟量输入控制端子 2、5。同时，设置变频器内部的参数，从而实现对变频器的频率控制。

FX5U PLC 内置模拟量模块详细介绍见本书项目 2 的任务 3，内置模拟量端子排见图 3-8。

图 3-7 变频器与 PLC 连接

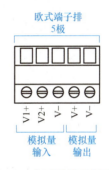

图 3-8 内置模拟量端子排

2 程序设计与模块参数设置

（1）程序设计

参考程序如图 3-9 所示。本任务中，利用双重互锁实现电动机正反转控制，触摸屏中的频率设定值通过 D0 寄存器，利用 MOV 传送指令写入模拟量输出特殊寄存器 SD6180，然后通过 FX5U PLC 内置模拟量输出模块中的 D/A 功能输出对应的直流电压至变频器模拟量输入端子。程序中，MOV 是传送指令，SM400 是特殊继电器，其含义是 PLC RUN 时其始终为 ON。

（2）模块参数设置

打开 PLC 编程界面左侧"导航"目录树，单击 ■ 依次打开"参数"→"FX5UCPU"→"模块参数"→"模拟输出"，如图 3-10 所示。双击"模拟输出"选项，分别将"D/A 转换允许/禁止设置"和"D/A 输出允许/禁止设置"均设置为"允许"，然后单击"应用"按钮，完成设置后，可关闭该界面，如图 3-11 所示。

```
        M0    M2    M1    Y1                                              Y0
(0)    ──┤├──┤/├──┤/├──┤/├─────────────────────────────────────────( )   双重互锁正反转程序
        Y0
        ──┤├──

        M1    M2    M0    Y0                                              Y1
(12)   ──┤├──┤/├──┤/├──┤/├─────────────────────────────────────────( )
        Y1
        ──┤├──

        SM400                                                              触摸屏中频率设定值通
(24)   ──┤├────────────────────────────────────────┤MOV   D0   SD6180│   过D0传送至模拟量输出
                                                                          特殊寄存器SD6180，输
(31)   ─────────────────────────────────────────────────────────[END]   出电压从而控制变频器
                                                                          运行频率
```

图 3-9   参考程序

图 3-10   模拟输出

项目	CH
□ D/A转换允许/禁止设置	设置D/A转换控制的方式。
D/A转换允许/禁止设置	允许
□ D/A输出允许/禁止设置	设置D/A输出控制的方式。
D/A输出允许/禁止设置	允许

说明

设置[允许]或[禁止]D/A输出。

检查(K)	恢复为默认(U)		应用(A)

图 3-11   模拟输出设置

3 变频器参数设置

本任务中 E740 变频器的参数设置见表 3-7。

表 3-7　E740 变频器的参数设置

参数号	参 数 名 称	默认值	设置值	设置值含义
P1	上限频率	120Hz	50Hz	最高运行频率为 50Hz
P2	下限频率	0Hz	0Hz	最低运行频率为 0Hz
P7	加速时间	5s	5s	从 0Hz 加速至基准频率 50Hz 所需的时间
P8	减速时间	5s	5s	从 50Hz 减速至基准频率 0Hz 所需的时间
P79	运行模式选择	0	0	外部/PU 模式切换，可通过 $\overbrace{EXT}^{PU}$ 键切换
P73	模拟量输入选择	1	0	将模式 1 模拟量输入 0～5V 更改为模式 0 模拟量输入 0～10V

4 组态界面设计

触摸屏界面设计效果如图 3-12 所示，界面中包含正转按钮、反转按钮和停止按钮，正转指示灯和反转指示灯，频率设定值输入框。其变量对应关系见表 3-8。

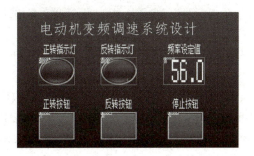

图 3-12　正反转频率控制组态效果

表 3-8　变量对应关系

触摸屏变量	正转按钮	反转按钮	停止按钮	正转指示灯	反转指示灯	频率设定值
PLC 变量	M0	M1	M2	Y0	Y1	D0

在编辑界面中，标题文字由"文本"$\boxed{A}$构件完成；正转按钮、反转按钮和停止按钮由"开关"$\boxed{}$·中的"位开关"构件完成；正转指示灯和反转指示灯由"指示灯"$\boxed{}$中的"位指示灯"构件完成；频率设定值输入框由"数值显示/输入"$\boxed{123}$中的"数值输入"构件完成。

正转按钮、反转按钮和停止按钮 3 个按钮分别控制变频器的 3 种运行状态，实现相应的按钮控制功能，其组态设置如图 3-13 所示，分别将 M0、M1、M2 设置到对应"位开关"对话框的"软元件"中。

指示灯实现正反转的运行状态指示，其组态设置如图 3-14 所示，分别将 Y0、Y1 设置到对应"位指示灯"对话框的"软元件"中。

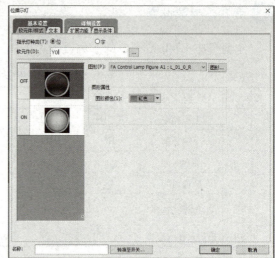

图 3-13　按钮设置的组态界面　　　　　图 3-14　指示灯的组态界面

频率设定值输入框用来设置变频器的运行频率，在"数值输入"对话框的"软元件"选项卡中，将"种类"设置为"数值输入"，"软元件"设置为"D0"，"数据类型"设置为"无符号 BIN16"，"显示格式"设置为"实数"，"整数部位数"设置为"2"，"小数部位数"设置为"1"，如图 3-15 所示。在"运算"选项卡中，"运算种类"选择"数据运算"，"数据运算"选项组中的"监视（R）"和"写入（I）"均选择"运算式"，如图 3-16 所示。然后，分别单击"监视（R）"和"写入（I）"选项最后的"运算式"按钮，打开"式的输入"对话框，将运算式分别设置为"＄＄/80"和"＄W＊80"，如图 3-17、图 3-18 所示。根据模拟量输出模块寄存器数字量 0～4000 对应输出电压 0～10V，变频器模拟量端子输入 0～10V 对应转换为频率 0～50Hz，除去中间变量 0～10V，实际数字量 0～4000 对应 0～50Hz，因此换算得出系数为 80。设置完毕后，单击"确定"按钮退回到"运算"选项卡，如图 3-19 所示。至此，频率设定值输入框设置完毕。

图 3-15　数值输入软元件设置　　　　　图 3-16　数值输入运算设置

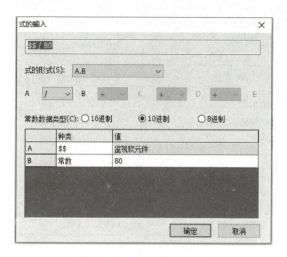

图 3-17　监视运算式输入　　　　　　图 3-18　写入运算式输入

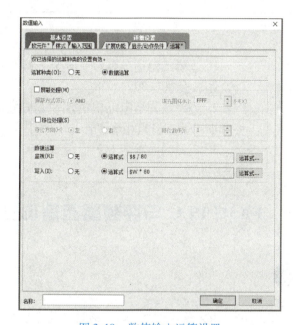

图 3-19　数值输入运算设置

5 运行调试

PLC 程序和触摸屏程序都设计完成后，分别对其进行下载，下载完成并重启系统后，通过操作触摸屏中的正转按钮、反转按钮和停止按钮对电动机进行运行控制，同时对变频器给定频率进行设定，设定范围为 0 ~ 50Hz。

任务完成后，填写评分表3-9。

表3-9　评分表

评分表 _____学年		工作形式 □个人　□小组分工		工作时间：___分钟	
任务	评价内容	评分要求		学生自评	教师评分
FX5U PLC 模拟量输出 控制变频器 运行频率	1. 设计安装硬件系统（30分）	设计电路原理图：15分 硬件系统的安装：15分			
	2. PLC程序设计（15分）	PLC程序的设计：10分 模拟量输出模块的参数设置：5分			
	3. 变频器参数设置（5分）	变频器参数设置：5分			
	4. 组态界面制作（30分）	触摸屏画面组态：30分			
	5. 运行调试（20分）	程序下载与以太网连接：5分 运行调试：15分			

学生_____　教师_____　日期_____

1. 运算式分别设置为"＄＄／80"和"＄W＊80"，为什么系数设置为80?

2. 如果要调整电动机的加速时间和减速时间，怎样进行变频器参数的设置和修改?

3. 若变频器参数P73设置为"0"，运算式中常数B应设置为何值?

任务3　FX5U PLC 与变频器通信协议监控

1. 建立PLC与变频器的RS－485接口通信，PLC通过三菱专用协议监控变频器运行。
2. 实施触摸屏监控画面组态设计。
3. 掌握触摸屏通过PLC监控变频器运行的方法。

通过触摸屏上的正转按钮、反转按钮和停止按钮控制一台电动机的正反转运行与停止，正反转指示灯可以显示运行状态；触摸屏可设置运行频率，显示实时运行频率、输出电压、输出电流。

1　系统方案设计

FX5U PLC 通过 RS－485 连接一台三菱变频器，采用三菱专用的变频器通信协议与指令，远程通信控制变频器的运行，并在触摸屏上进行监控。组态界面如图 3-20 所示。

通信控制系统方案如图 3-21 所示。FX5U 利用内置的 RS－485 模块对变频器进行通信控制，模块端子从左往右依次有 RDA、RDB、SDA、SDB、SG 这 5 个端子，其中"RD"表示接收，"SD"表示发送，后面的字母 A 和 B 表示信号采用的是差分信号，正负不能接反。

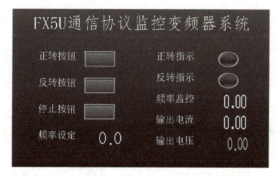

图 3-20　通信协议监控变频器组态界面　　　图 3-21　通信控制系统方案

变频器本体上的通信接口为 PU 接口，为 RJ－45 网络插口模式，PU 接口在外观上与以太网接口相一致，虽然有 8 个接线端子，但是真正用到的只有 5 个。

通信接口的具体功能和内容如图 3-22 所示。采用 568B 标准的网络线，568B 标准的做线顺序为：水晶头接触点水平放置，从左到右顺序依次为白橙、橙、白绿、蓝、白蓝、绿、白棕、棕。

变频器本体
（插座侧）
从正面看
①～⑧

插针编号	名称	具体功能和内容
①	SG	接地（与端子5导通）
②	—	参数单元电源
③	RDA	变频器接收+
④	SDB	变频器发送-
⑤	SDA	变频器发送+
⑥	RDB	变频器接收-
⑦	SG	接地（与端子5导通）
⑧	—	参数单元电源

白橙　白绿　白蓝　白棕
①②③④⑤⑥⑦⑧
T568B

图 3-22　变频器通信接口的具体功能和内容

变频器 PU 接口与 FX5U PLC 内置 RS－485 通信模块连接时，对应的接线为：白橙线、白蓝线、绿线、白绿线、蓝线分别接 FX5U PLC 内置 RS－485 通信模块的 SG 端、RDA 端、

SDB 端、SDA 端及 RDB 端。连接方式见表 3-10。

表 3-10　变频器通信接口内容

FX5U PLC 内置 RS-485 接口	数据传送方向	变频器 PU 接口	PU 接口编号及颜色
RDA	←	SDA	⑤白蓝色
RDB	←	SDB	④蓝色
SDA	→	RDA	③白绿色
SDB	→	RDB	⑥绿色
SG	—	SG	①白橙色

2　PLC 与变频器专用指令及编程

（1）三菱变频器通信专用指令

PLC 与变频器的通信采用三菱专用协议和专用指令，常用的专用指令有：IVCK、IVDR、IVRD、IVWR、IVBWR、IVMC 等，指令格式如图 3-23 所示，其指令功能见表 3-11。

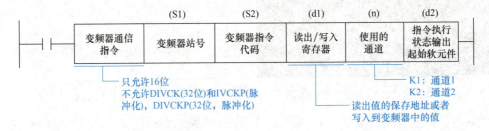

图 3-23　常用指令格式

表 3-11　三菱变频器通信专用指令功能

指令	功　能
IVCK	变频器运行状态的读取
IVDR	变频器运行状态的写入
IVRD	变频器参数的读取
IVWR	变频器参数的写入
IVBWR	变频器参数的成批写入
IVMC	变频器多个指令的写入与读取

（2）PLC 程序设计

本任务中主要用到 IVCK 和 IVDR 指令，IVCK 为变频器运行状态的读取指令，IVDR 为变频器运行状态的写入指令，参考样例程序如图 3-24 所示。

PLC 程序中变频器运行指令代码 HFA 和状态监视器命令代码 H7A 内容含义说明见表 3-12。

图 3-24　样例程序

表 3-12　HFA 和 H7A 指令代码内容含义说明

项　目	命令代码	位　长	内　容	示　例
运行指令	HFA	8bit	b0：AU（电流输入选择） b1：正转指令 b2：反转指令 b3：RL（低速指令） b4：RM（中速指令） b5：RH（高速指令） b6：RT（第2功能选择） b7：MRS（输出停止）	[例1]　H02…正转 b7　　　　　　　b0 0 0 0 0 0 0 1 0 [例2]　H00…停止 b7　　　　　　　b0 0 0 0 0 0 0 0 0
变频器状态监视器	H7A	8bit	b0：RUN（变频器运行中） b1：正转中 b2：反转中 b3：SU（频率到达） b4：0L（过载） b5：— b6：FU（频率检测） b7：ABC（异常）	[例1]　H02…正转中 b7　　　　　　　b0 0 0 0 0 0 0 1 0 [例2]　H80…因发生异常而停止 b7　　　　　　　b0 1 0 0 0 0 0 0 0

（3）485 串口模块参数设置

打开 PLC 编程界面左侧"导航"目录树，单击 ⊞ 依次打开"参数"→"FX5UCPU"→"模块参数"→"485 串口"，如图 3-25 所示。双击"485 串口"选项，打开"设置项目"对话框，设置"协议格式"为"变频器通信"，"数据长度"为"7bit"，"奇偶校验"为"偶数"，"停止位"为"1bit"，"波特率"为"4800bps"，如图 3-26 所示，然后单击"确认"按钮保存设置。此处的 485 串口参数设置与后续变频器的参数设置必须一致。

图 3-25　485 串口目录树

图 3-26　变频器通信参数设置

3 变频器参数设置

变频器参数设置见表 3-13，参数设置完毕后需要断电重启变频器。

表 3-13　变频器参数设置

参 数 号	参 数 名 称	默 认 值	设 置 值	设 置 值 含 义
P117	PU 通信站号	0	1	变频器站号指定，1 台控制器连接多台变频器时要设定每台变频器的站号
P118	PU 通信速率	192	48	可设为 48、96、192、384 等数值，设定值 × 100 = 通信速率（单位：bit/s）
P119	PU 通信停止位长	1	10	停止位长为 1，数据位长为 7
P120	PU 通信奇偶校验	2	2	奇校验为 1，偶校验为 2
P121	PU 通信再试次数		9999	即使发生通信错误变频器也不会跳闸
P122	PU 通信校验时间间隔		9999	不进行通信校验（断线检测）
P123	PU 通信等待时间设定		9999	
P79	选择运行模式	0	0	上电时外部运行模式，可在外部、PU、网络模式间切换
P340	通信启动模式选择		10	网络运行模式，可通过操作面板更改 PU 运行模式和网络运行模式
P549	协议选择	0	0	0：三菱变频器（计算机链接）协议 1：MODBUS - RTU 协议

4 组态界面设计

触摸屏组态界面设计效果如图 3-27 所示，界面中包含正转按钮、反转按钮和停止按钮；正转指示灯和反转指示灯；频率设定输入框；频率监控、输出电压和输出电流显示框，其变量对应关系见表 3-14。

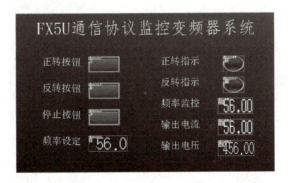

图 3-27　组态界面示意图

表 3-14　变量对应关系

触摸屏变量	正转按钮	反转按钮	停止按钮	正转指示灯	反转指示灯	频率设定	频率监控	输出电流	输出电压
PLC 变量	M0	M1	M2	M10	M11	D0	D20	D30	D40

在编辑界面中，标题文字由"文本"  构件完成；正转按钮、反转按钮和停止按钮由"开关" 中的"位开关"构件完成；正反转指示灯由"指示灯" 中的"位指示灯"构件完成；频率设定输入框由"数值显示/输入" 中的"数值输入"构件完成；频率监控、输出电流和输出电压显示框由"数值显示/输入" 中的"数值显示"构件完成。

正转、反转和停止 3 个按钮分别控制变频器的运行，实现相应的按钮控制功能，其组态设置如图 3-28 所示，分别将 M0、M1、M2 设置到对应"位开关"对话框的"软元件"中。

指示灯实现正反转的运行状态指示，其组态设置如图 3-29 所示，分别将 M10、M11 设置到对应"位指示灯"对话框的"软元件"中。

图 3-28　按钮设置的组态界面

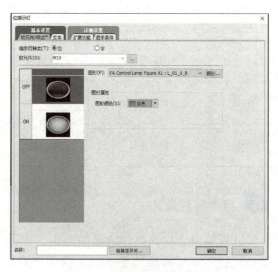

图 3-29　指示灯的组态界面

频率设定输入框用来设置变频器的运行频率，在"数值输入"对话框的"软元件"选项卡中，将"种类"设置为"数值输入"，"软元件"设置为"D0"，"数据类型"设置为"无符号 BIN16"，"显示格式"设置为"实数"，"整数部位数"设置为"2"，"小数部位数"设置为"1"，如图 3-30 所示。在"运算"选项卡中，"运算类"选择"数据运算"，"数据运算"选项组中的"监视（R）"和"写入（I）"均选择"运算式"。然后，分别单击"监视（R）"和"写入（I）"选项最后的"运算式"按钮，打开"式的输入"对话框，将运算式分别设置为"＄＄/100"和"＄W＊100"。变频器内部地址频率的最小单位为 0.01Hz，即数字量 1 对应 0.01Hz，因此将系数设置为 100，通过运算方能转换显示为正确的频率值。设置完毕后，单击"确定"按钮退回到"运算"选项卡，如图 3-31 所示。至此，频率设定输入框设置完毕。

频率监控、输出电压和输出电流的设置与频率输入的设置基本相同。不同之处主要有：

1）频率监控要求显示 2 位小数，因此需要将"小数部位数"设置为"2"；在"数值显示"对话框的"运算"选项卡中，"数据运算"只有监视运算式需要设置，如图 3-32 所示。

2）输出电压整数部分位数设置为 3，小数部分位数设置为 2。变频器内部地址电压的最小单位为 0.1V，即数字量 1 对应 0.1V，因此将系数设置为 10，如图 3-33 所示。

图 3-30　频率数值输入软元件设置

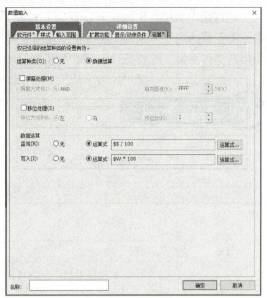

图 3-31　频率数值输入运算设置

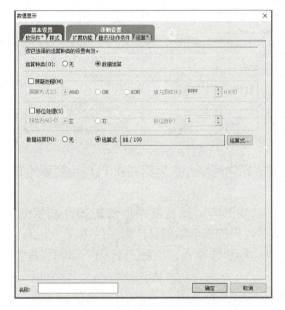

图 3-32　频率数值显示运算设置

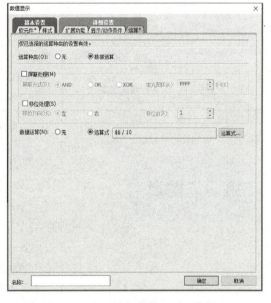

图 3-33　电压输出数值显示运算设置

3）输出电流整数部分和小数部分位数均设置为 2，变频器内部地址电流的最小单位为 0.01A，即数字量 1 对应 0.01A，因此将系数设置为 100。

5 运行调试

PLC 程序和触摸屏程序都设计完成后，分别对其进行下载，下载完成并重启系统，若通信连接和设置均正常，PLC 侧 485 串口收发数据的 SD/RD 指示灯会不断闪烁；若指示灯不闪烁，则表示通信不正常，需要检查 PLC 与变频器的硬件连接和参数设置。

通过操作触摸屏中的正转、反转和停止按钮对电动机进行运行控制，同时设定变频器频率，设定范围为 0～50Hz。观察频率输出、电压输出和电流输出是否显示正常，同时通过切换变频器操作面板，比较操作面板和触摸屏显示的数值是否完全一致。

 任务考核

任务完成后，填写评价表 3-15。

表3-15 评分表

评分表	_____学年	工 作 形 式 □个人 □小组分工		工作时间：___分钟
任务	评价内容	评分要求	学生自评	教师评分
FX5U PLC 与变频器通信协议监控	1. 设计安装硬件系统 (15分)	485 通信线的制作：10 分 硬件系统的安装：5 分		
	2. PLC 程序设计 (25分)	PLC 程序的设计：20 分 485 串口的参数设置：5 分		
	3. 变频器参数设置 (10分)	变频器参数设置：10 分		
	4. 组态界面制作 (30分)	触摸屏画面组态：30 分		
	5. 运行调试 (20分)	程序下载与以太网连接：5 分 运行调试：15 分		

学生_____ 教师_____ 日期_____

 练习与提高

1. 工程进行网络通信控制时，如何判断 PLC 与变频器是否正常通信？

2. 总结一下，触摸屏中运算式的系数值是如何确定的？和变频器中对应参数代码的最小单位是什么关系？

3. 比较一下 PLC 与变频器通信控制方式和外部端子控制方式各自的特点。

4. 参照本任务，尝试完成变频器 3 段速通信控制系统设计。

任务4 FX5U PLC 与变频器参数设置监控

 任务目标

1. 建立 PLC 与变频器的 RS-485 接口通信，PLC 通过三菱专用协议监控变频器的运行状态和参数。

2. 实施触摸屏监控画面组态设计。

3. 掌握触摸屏通过 PLC 控制变频器参数写入和读取的方法。

在任务 3 的基础上，触摸屏通过 PLC 直接写入和读取变频器的参数，即接入或者更换变频器时，变频器参数可以自动初始化，省去参数逐一设置的麻烦。本任务以加速时间和减速时间的写入和读取为例进行设计。

1　系统方案设计

系统的硬件连接和设置与前面任务 3 完全相同，此处不再赘述。触摸屏上要求增加读取和写入触摸屏的加速时间和减速时间功能，变频器参数设置组态界面如图 3-34 所示。

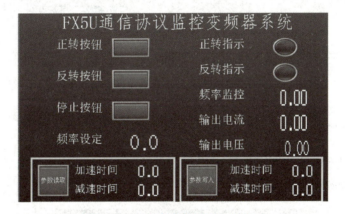

图 3-34　变频器参数设置组态界面

2　PLC 程序设计

本任务的程序设计在前面任务 3 的 PLC 程序基础上，增加参数读取和写入程序即可，PLC 其他参数的设置与任务 3 相同，这里不再赘述。增加部分的程序主要用到 IVRD 和 IVDR 指令，IVRD 为读出变频器的参数指令，IVDR 为通信控制变频器指令，变频器对应参数的指令代码可以查询"FR－E700 使用手册（应用篇）"中的 4.2.1 参数一览表得出。增加部分的参考样例程序如图 3-35 所示。

3　变频器参数设置

与任务 3 相同，可以参照执行，这里不再赘述。

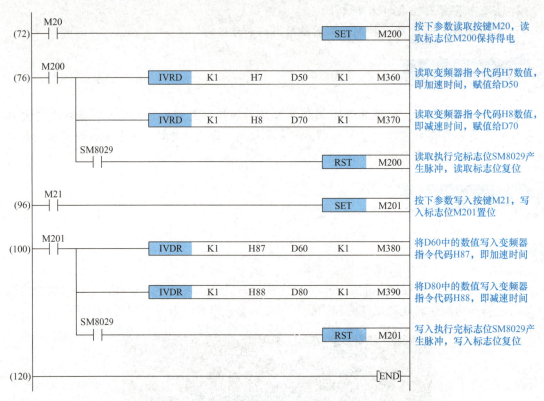

图 3-35　变频器参数读取与写入样例程序

4 组态界面设计

触摸屏组态界面设计效果如图 3-36 所示，在任务 3 的基础上增加参数读取和参数写入按钮、加速时间和减速时间读取显示框和数值输入框，增加部分的变量对应关系见表 3-16。

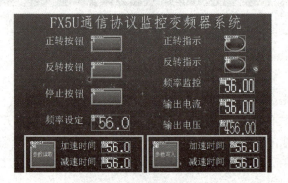

图 3-36　组态界面示意图

表 3-16　变频器参数读写变量对应关系

触摸屏变量	参数读取	参数写入	加速时间显示	减速时间显示	加速时间输入	减速时间输入
PLC 变量	M20	M21	D50	D70	D60	D80

新增"参数读取"和"参数写入"按钮设置方法与前面任务按钮的设置方法相同，这里不再赘述。加速时间和减速时间读取显示框和数值输入框的设置方法与前面任务基本相同，不同之处主要有：①将"整数部位数"设置为"2"，"小数部位数"设置为"1"；②变频器内部时间参数的最小单位为0.1s，即数字量1对应0.1s，因此将系数设置为10进行数据运算。

5 运行调试

在任务3调试正确的基础上，在变频器停止运行的状态下，在触摸屏界面上进行参数写入和读取的操作，并操作变频器面板查看变频器参数P7和P8，看触摸屏显示数值是否与其一致。若一致表示读写功能正常，参数设置正确。

任务完成后，填写评价表3-17。

表3-17 评分表

评分表	_____学年	工作形式 □个人 □小组分工		工作时间：____分钟	
任务	评价内容	评分要求		学生自评	教师评分
变频器参数设置监控系统	1. 设计安装硬件系统（15分）	485通信线的制作：10分 硬件系统的安装：5分			
	2. PLC程序设计（25分）	PLC程序的设计：20分 485串口的参数设置：5分			
	3. 变频器参数设置（10分）	变频器参数设置：10分			
	4. 组态界面制作（30分）	触摸屏画面组态：30分			
	5. 运行调试（20分）	程序下载与以太网连接：5分 运行调试：15分			

学生_____ 教师_____ 日期_____

在触摸屏中设置变频器的上限频率为40Hz，下限频率为10Hz，请设计PLC程序和对应的触摸屏组态界面，下载并调试运行。

任务5 FX5U PLC与变频器 MODBUS 通信监控

任务目标

1. 建立PLC与变频器的RS-485接口通信，会设置变频器MODBUS-RTU通信参数。

2. 掌握触摸屏监控画面组态设计。

3. 掌握 PLC MODBUS – RTU 通信监控变频器运行方法，会写入和读取对应变频器参数寄存器。

任务描述

PLC 与变频器 RS – 485 接口通信，通过 MODBUS – RTU 通信监控变频器运行。通过触摸屏上的正转、反转和停止按钮控制一台电动机的正反转与停止，指示灯表示正反转；触摸屏可设置运行频率，显示实时运行频率、输出电压、输出电流；可以读取和设置加速时间和减速时间。

任务训练

1 系统方案设计

系统的硬件连接和设置、触摸屏的组态界面设计与任务 4 完全相同，此处不再赘述。

2 FX5U MODBUS 指令及编程

（1）FX5U MODBUS 指令

ADPRW 指令是与 MODBUS 主站所对应的从站进行通信（读取/写入数据）的指令，其指令格式如图 3-37 所示，操作数功能表见表 3-18。详细的内容可以参考"iQ – FX5 编程手册（指令/通用 FUN/FB 篇）"第 13.3 节关于 MODBUS 指令的部分。

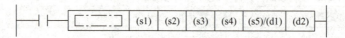

图 3-37　ADPRW 指令格式

表 3-18　ADPRW 指令操作数功能表

操作数	内　　　容	范　　围	数据类型
（s1）	从站本站号	0 ~ 20H	有符号 BIN16 位
（s2）	功能代码	01H ~ 06H、0FH、10H	有符号 BIN16 位
（s3）	与功能代码对应的功能参数	0 ~ FFFFH	有符号 BIN16 位
（s4）	与功能代码对应的功能参数	1 ~ 2000	有符号 BIN16 位
（s5）/（d1）	与功能代码对应的功能参数	—	位/有符号 BIN16 位
（d2）	输出指令执行状态的起始位软元件编号	—	位

说明：

1）操作数（s1）是变频器的从站号。

2）操作数（s2）是 MODBUS 标准功能代码，见表 3-19。

表3-19　操作数（s2）标准功能代码

功能代码	功能名	详细内容	1个报文可访问的软元件数
01H	线圈读取	线圈读取（可以多点）	1～2000 点
02H	输入读取	输入读取（可以多点）	1～2000 点
03H	保持寄存器读取	保持寄存器读取（可以多点）	1～125 点
04H	输入寄存器读取	输入寄存器读取（可以多点）	1～125 点
05H	1 线圈写入	线圈写入（仅1点）	1 点
06H	1 寄存器写入	保持寄存器写入（仅1点）	1 点
0FH	多线圈写入	多点的线圈写入	1～1968 点
10H	多寄存器写入	多点的保持寄存器写入	1～123 点

3）操作数（s3）是变频器 MODBUS 起始地址＝起始寄存器地址（十进制数）－40001。寄存器地址可以查询"FR－E700 使用手册（应用篇）"中的 4.20.6 MODBUS RTU 通信规格章节中 MODBUS 寄存器一览表。

4）操作数（s4）是访问点数。

5）操作数（s5）/（d1）是读取/写入数据存储软元件 PLC 起始地址。

6）操作数（d2）是通信执行状态，依照 ADPRW 命令的通信执行中/正常结束/异常结束的各状态进行输出。

参考样例程序如图 3-38 所示。

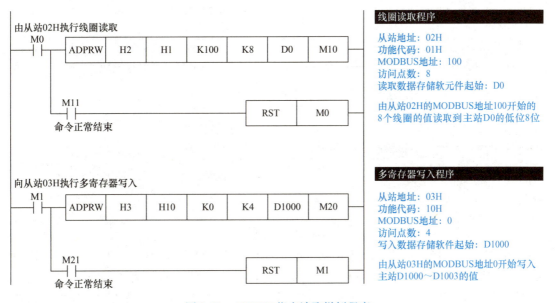

图 3-38　ADPRW 指定读取样例程序

（2）PLC 程序设计

控制程序样例参考程序如图 3-39 所示。

（3）485 串口模块参数设置

打开 PLC 编程界面左侧"导航"目录树，单击▦ 依次打开"参数"→"FX5UCPU"→

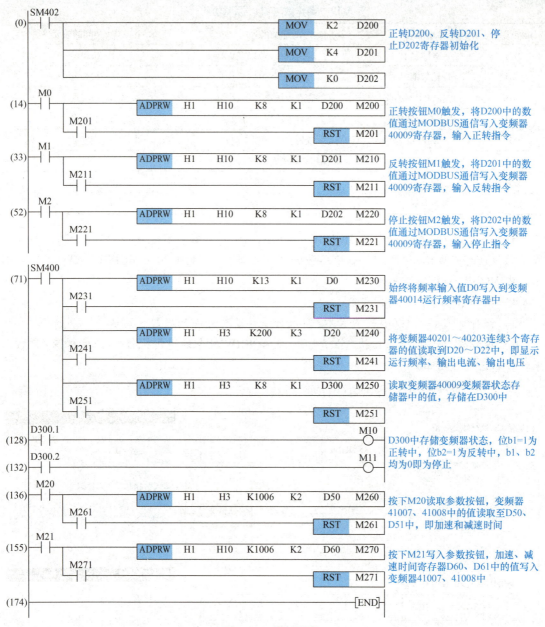

图 3-39　样例程序

"模块参数" → "485 串口",如图 3-40 所示。双击 "485 串口" 选项,打开 "设置项目" 对话框,设置 "协议格式" 为 "MODBUS－RTU 通信","奇偶校验" 为 "偶数","停止位" 为 "1bit","波特率" 为 "9600bps",如图 3-41 所示,然后单击 "确认" 按钮保存设置。此处的 485 串口参数设置要与后续变频器的参数设置相一致。

3 变频器参数设置

变频器参数设置见表 3-13,将 P118 设置为 96,P549 设置为 1,其余均相同,参数设置完毕后需要断电重启变频器。

图 3-40　485 串口目录树

图 3-41　MODBUS－RTU 通信参数设置

4　组态界面设计

触摸屏组态界面设计效果如图 3-42 所示，其内容和设计方法与任务 4 相同，只需修改相应软元件即可，这里不再赘述。其参数读写变量对应关系见表 3-20。

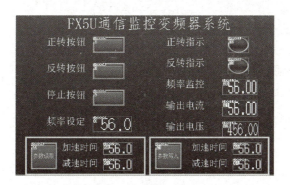

图 3-42　组态界面示意图

表 3-20　变频器参数读写变量对应关系

触摸屏变量	正转 按键	反转 按键	停止 按键	正转 指示	反转 指示	频率 设定	频率 监控	输出 电流	输出 电压
PLC 变量	M0	M1	M2	M10	M11	D0	D20	D21	D22
触摸屏变量	参数读取		参数写入		加速时间显示		减速时间显示		加速时间输入		减速时间输入
PLC 变量	M20		M21		D50		D51		D60		D61

5　运行调试

PLC 程序和触摸屏程序都设计完成后，分别对其进行下载，下载完成并重启系统，若通信连接和设置均正常，PLC 侧 485 串口收发数据的 SD/RD 指示灯会不断闪烁；若指示灯不闪烁，则表示不正常，需要检查 PLC 与变频器的硬件连接和参数设置。

通过操作触摸屏中的正转按钮、反转按钮和停止按钮对电动机进行运行控制，同时设定变频器频率，设定范围为 0 ~ 50Hz。观察频率输出、电压输出和电流输出是否正常显示，同时通过切换变频器操作面板，比较操作面板和触摸屏显示的数值是否完全一致。最后，测试读取和写入加减速时间是否正确。

任务完成后，填写评价表 3-21。

表 3-21　评分表

评分表	_____学年	工作形式 □个人　　□小组分工		工作时间：____分钟
任务	评价内容	评分要求	学生自评	教师评分
FX5U PLC 与变频器 MODBUS 通信监控	1. 设计安装硬件系统（15 分）	485 通信线的制作：10 分 硬件系统的安装：5 分		
	2. PLC 程序设计（25 分）	PLC 程序的设计：20 分 485 串口的参数设置：5 分		
	3. 变频器参数设置（10 分）	变频器参数设置：10 分		
	4. 组态界面制作（30 分）	触摸屏画面组态：30 分		
	5. 运行调试（20 分）	程序下载与以太网连接：5 分 运行调试：15 分		

学生_____　教师_____　日期_____

若在触摸屏上设置变频器的参数上限频率为 40Hz，下限频率为 10Hz，采取 MODBUS 通信方式，请设计对应 PLC 程序和组态界面程序。

项目4

FX5U PLC、触摸屏与伺服电动机的典型应用

本项目主要介绍三菱 FX5U PLC 控制伺服电动机单轴和双轴运行的典型应用，并在触摸屏上设计组态界面进行系统监控。

任务1　认识伺服驱动器

1. 了解三菱 MR－J4 系列伺服驱动器。
2. 了解伺服驱动器的典型应用行业。

连接伺服驱动器与伺服电动机电路，能通过伺服驱动器面板设置参数，会查阅报警信息代码，分析和判断故障产生原因。

1 三菱 MR－J4 系列伺服驱动器介绍

三菱电机的伺服驱动器与伺服电动机如图 4-1 所示。它与三菱电机的运动控制器、伺服系统网络、人机界面、可编程控制器等灵活配合使用，能够满足半导体液晶产品、机床、工业机器人、食品加工设备等各种应用需求，可自由构建先进的伺服系统。

其中 MELSERVO－J4 系列（简称 MR－J4）伺服驱动器主要包含现场网络 CC－Link IE 型 MR－J4－GF（－RJ），SSCNET Ⅲ/H 型 MR－J4－B（－RJ）（1 轴）、MR－J4W2－B（2 轴）、MR－J4W3－B（3 轴）和通用接口型 MR－J4－A（－RJ）三大类；伺服电动机主要包含可驱动旋转型伺服电动机系列、带芯和无芯线性伺服电动机系列和直驱电动机系列，如图 4-2、图 4-3 所示。

图 4-1　伺服驱动器与伺服电动机

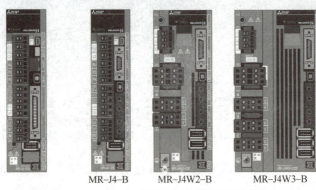

MR–J4–B	MR–J4W2–B　　MR–J4W3–B
a) MR–J4–A型	b) MR–J4–B系列SSCNET型

图 4-2　伺服驱动器

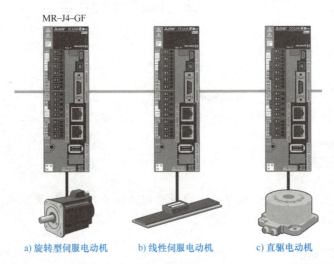

a) 旋转型伺服电动机　　b) 线性伺服电动机　　c) 直驱电动机

图 4-3　MR‐J4‐GF 伺服驱动器与伺服电动机

型号含义如下：

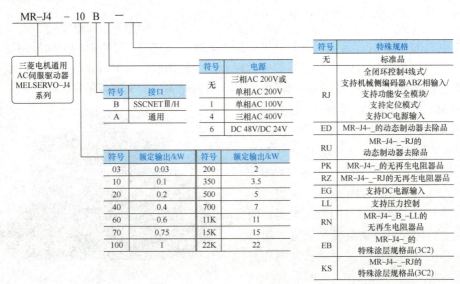

符号	接口
B	SSCNETⅢ/H
A	通用

符号	电源
无	三相AC 200V或单相AC 200V
1	单相AC 100V
4	三相AC 400V
6	DC 48V/DC 24V

符号	额定输出/kW	符号	额定输出/kW
03	0.03	200	2
10	0.1	350	3.5
20	0.2	500	5
40	0.4	700	7
60	0.6	11K	11
70	0.75	15K	15
100	1	22K	22

符号	特殊规格
无	标准品
RJ	全闭环控制4线式/支持机械侧编码器ABZ相输入/支持功能安全模块/支持定位模式/支持DC电源输入
ED	MR–J4–_的动态制动器去除品
RU	MR–J4–_–RJ的动态制动器去除品
PK	MR–J4–_的无再生电阻器品
RZ	MR–J4–_–RJ的无再生电阻器品
EG	支持DC电源输入
LL	支持压力控制
RN	MR–J4–_–B–LL的无再生电阻器品
EB	MR–J4–_的特殊涂层规格品(3C2)
KS	MR–J4–_–RJ的特殊涂层规格品(3C2)

三菱电机通用AC伺服驱动器MELSERVO-J4系列

该系列伺服驱动器的主要特点如下：

（1）业内领先的基本性能

1）伺服驱动器的基本性能达到业界顶尖水平。采用传统 2 自由度模型，具有进一步优化的高速伺服控制结构的专用执行引擎，可实现快达 2.5kHz 的速度频率响应，结合三菱电机自主研发的高分辨率绝对位置编码器（4194304pulses/rev），可以实现高速、高精度的运行，可最大限度地发挥机械性能，如图 4-4 所示。

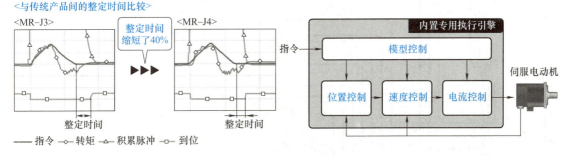

图 4-4　伺服驱动器的基本性能

2）通过高性能伺服电动机提升机械性能。通过提高编码器分辨率及处理速度，使旋转型伺服电动机具备更高精度的定位性能及更流畅的旋转性能。

（2）高端伺服增益调整功能

仅需开启一键式调整功能，即可进行包括机械共振抑制滤波器、先进减振控制、鲁棒滤波器的伺服增益调整。启动减振功能，可最大限度发挥机械性能，并可自动实施实时自动调谐所需的响应性设定。此外，还新增了伺服驱动器内部生成指令的方式。

（3）标准伺服驱动器支持多样化控制驱动系统

MR－J4 系列伺服驱动器标配均可支持旋转型伺服电动机、线性伺服电动机、直驱电动机的运行模式，支持全闭环控制，能广泛对应多种电源、容量的产品线。其中，MR－J4－B/MR－J4－A 伺服驱动器在主电路电源三相 AC 200V、三相 400V、单相 AC 100V 规格基础上，新增 DC 48V/24V 规格产品，广泛对应 30W～55kW 的容量范围。

（4）内置定位功能对应简易系统

内置定位功能可进行点位表方式、程序方式、分度控制方式的定位运行，无须定位模块（指令脉冲）即可构建定位系统。定位指令通过现场网络 CC－Link IE、输入输出信号或 RS－422/RS－485 通信（最大 32 轴）实施。同时，在内置定位功能基础上新增便利功能，对于不同场合的用途，通过简单凸轮功能、编码器跟踪功能、脉冲透明输入功能、简单凸轮位置补偿功能、通信功能，可以轻松构建定位系统。

2 MR－J4 伺服驱动器的连接

伺服驱动器与周边设备的连接如图 4-5 所示，具体说明详见 MR－J4 样本手册。控制运行模式主要有位置控制、速度控制和转矩控制 3 种，其标准连接示例详见 MR－J4 样本手册，这里不再赘述。

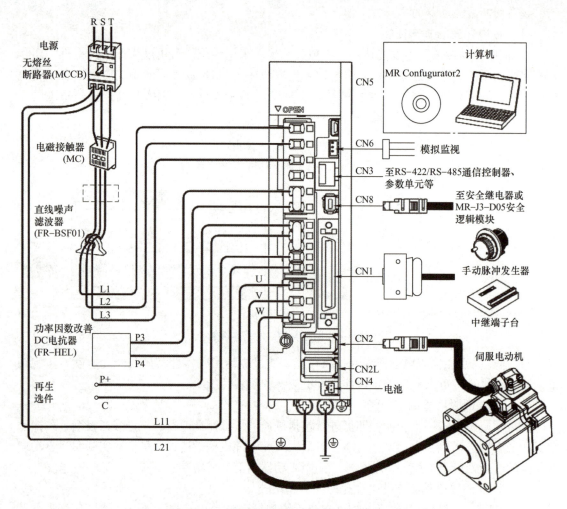

图4-5 伺服驱动器与周边设备的连接

③ 伺服驱动器的参数设置

使用"MODE"按钮设置各参数模式时,按下"UP"或"DOWN"按钮,将在各参数间转换显示,具体说明详见"MR－J4伺服驱动器技术资料集(定位模式篇)"手册3.1.6参数模式章节。

以下是[Pr. PA01运行模式]变更为定位模式(点位表方式)的操作方法示例。按"MODE"按钮进入基本设定参数界面,如图4-6所示。移动到下一个参数时,应按下"UP"或"DOWN"按钮。变更[Pr. PA01]的设定值后,先关闭电源,重启伺服驱动器后再接通电源即变为有效。

④ 典型应用案例

(1)推压控制

如图4-7所示,无需停止,可直接从位置/速度控制切换至转矩控制。工件的推压与插

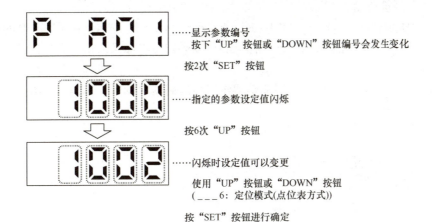

…显示参数编号
按下"UP"按钮或"DOWN"按钮编号会发生变化

按2次"SET"按钮

…指定的参数设定值闪烁

按6次"UP"按钮

…闪烁时设定值可以变更
使用"UP"按钮或"DOWN"按钮
（_ _ _6：定位模式(点位表方式)）

按"SET"按钮进行确定

图4-6　基本设定参数界面

入以及上盖、拧紧螺栓等，通过专用的位置控制至转矩控制的切换应用程序，可确保速度及转矩不产生大幅波动，从而实现设备减负和高品质的成型加工。

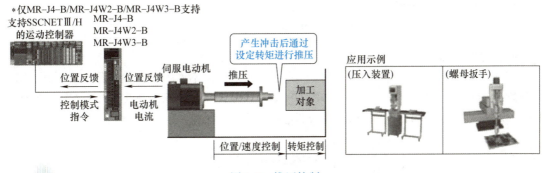

图4-7　推压控制

（2）主从式运动功能

如图4-8所示，MR－J4－B中，可通过驱动器之间通信，将主轴的转矩发送至从轴，并以该转矩为指令，对从轴进行转矩控制运行。主轴向从轴的转矩数据通信通过 SSCNET Ⅲ/H 实施，因此无须额外的线路配置。

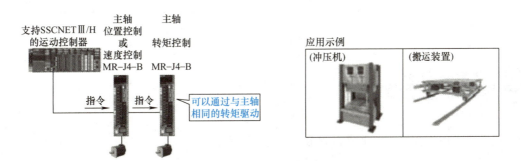

图4-8　主从式运动功能

（3）标尺测量功能

如图4-9所示，MR－J4－GF/MR－J4－B/MR－J4W2－B（MR－J4W2－030386不支持）伺服驱动器可在半闭环控制状态下连接标尺测量编码器，将标尺测量编码器的位置信息发送至控制器。

使用标尺测量功能，可通过伺服驱动器将线性编码器以及同步编码器的数据传送给伺服系统控制器，实现线路精简化配置。

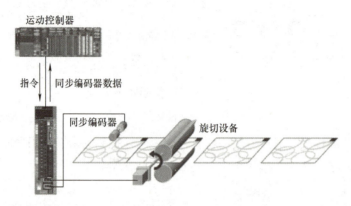

图4-9　标尺测量功能

（4）通信功能

如图4-10所示，在标配支持的RS－422/RS－485通信（三菱电机通用AC伺服协议）的基础上，还支持RS－485通信（MODBUS RTU协议），MODBUS－RTU协议支持功能代码03h（保持寄存器读取）等，可通过外部设备进行伺服驱动器的控制及监视。

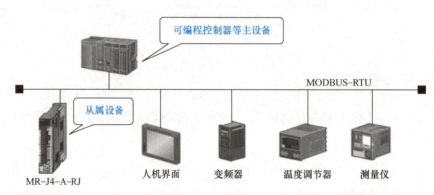

图4-10　通信功能

任务完成后，按照表4-1进行评分。

表4-1 评分表

评分表	_____学年	工作形式 □个人 □小组分工		工作时间：_____分钟	
任务	评价内容	评分要求		学生自评	教师评分
认识伺服 驱动器	1. 伺服驱动器电路连接（50分）	驱动器安装：10分 伺服电动机及编码器接线：20分 电源部分接线：20分			
	2. 上电调试（50分）	伺服驱动器上电：10分 伺服参数设置：30分 报警信息排除：10分			

学生_____ 教师_____ 日期_____

1. 通过三菱电机官网下载 MR‐J4 伺服驱动器手册。
2. 掌握三菱 MR‐J4‐A 伺服驱动器的电路连接方法。
3. 完成三菱 MR‐J4‐A 伺服驱动器与伺服电动机的接线，设置参数，进行点动运行调试。

任务2 单轴伺服丝杠定位监控

任务目标

1. 建立触摸屏与三菱 FX5U PLC 之间的通信，掌握 PLC 驱动伺服和丝杠定位原理。
2. 会设置三菱 MR‐J4‐10A 伺服驱动器位置控制模式参数。
3. 掌握触摸屏组态设计和联机调试方法。

任务描述

采用 PLC 控制伺服系统驱动丝杠平台，按下列设计要求运行，触摸屏实时监视与控制。

1）按下触摸屏上的启动按钮，伺服电动机旋转，拖动工作台从原点开始向右行驶，到达 A 点，停 5s，然后继续向右行驶，到达 B 点，停 5s，然后继续向右行驶，到达 C 点，停 8s，电动机反转返回原点，然后循环运行。

2）若工作台不在原点位置，则系统不能启动，必须按下复位按钮，工作台回到原点位置复位后，系统方能启动。复位过程中，复位指示灯亮；按一下急停按钮，系统暂停，急停指示灯以 1Hz 的频率闪烁报警；再按一下急停按钮，系统从当前状态继续运行，急停指示灯灭；按下启动按钮，系统正常运行时，工作指示灯常亮；按下停止按钮，系统停止运行时，工作指示灯灭。

3）工作台在丝杠上的运行位置和原点、A、B、C处传感器的检测状态能够实时同步显示，同时能显示滑台当前位置实时数据，并可以手动设置滑台原点位置偏移初始值数据和滑台运行速度。

1 系统组成

按照设计要求，该系统组成框图如图 4-11 所示。在该控制系统中，触摸屏实现监视与控制，与 PLC 进行数据的双向传输；PLC 连接控制伺服驱动器，驱动伺服电动机带动丝杠平台运行。

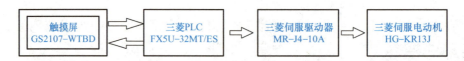

图 4-11　系统组成框图

根据系统控制要求，主要部件选用清单见表 4-2。

表4-2　主要部件选用清单

序号	名　称	型　号	单位	数量	图　片
1	触摸屏	GS2107－WTBD	台	1	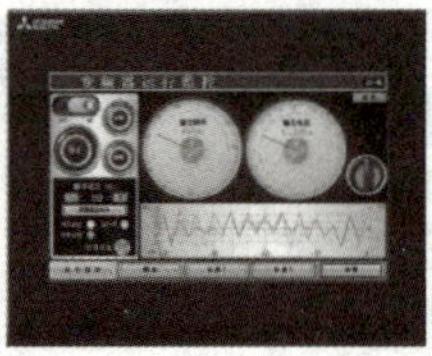
2	三菱伺服驱动器	MR－J4－10A	台	1	
3	三菱伺服电动机	HG－KR13J	台	1	

（续）

序号	名　称	型　号	单位	数量	图　片
4	三菱伺服电动机编码器数据线	MR－J3ENCBL2M－A2－L	根	1	
5	三菱伺服电动机动力线	MR－PWS1CBL2M－A2－L	根	1	
6	I/O 控制信号接插线	MR－J3CN1（C）	套	1	
7	三菱 FX 系列 PLC	FX5U－32MT/ES	台	1	
8	明纬 24V 开关电源	MDR－60－24	个	1	
9	OMRON 原点接近开关	TL－W3MC1	个	1	
10	电感式传感器	LJ12A3－4－Z/BX	个	3	
11	丝杠平台	自制	套	1	

　　丝杠平台结构示意图如图4-12所示，丝杆平台实物图如图4-13所示。丝杠的螺距为4mm，原点处传感器为接近开关，A、B、C处传感器为电感式，左右极限位置安装微动开关进行限位保护。

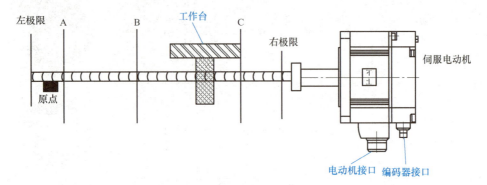

图4-12　丝杠平台结构示意图

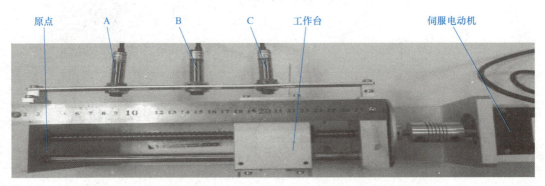

图4-13　丝杠平台实物图

2 控制电路设计

　　首先进行I/O分配，确定输入/输出点及对应功能，见表4-3。

表4-3　I/O分配表

输入信号		输出信号	
名称	定义	名称	定义
原点接近开关	X0	输出脉冲	Y0
C点接近开关	X2	脉冲方向	Y1
B点接近开关	X3	伺服使能	Y2
A点接近开关	X4		
左极限开关	X5		
右极限开关	X6		

　　然后根据I/O分配表设计控制电路图，因为输入信号比较简单单一，这里不再赘述。此处，重点展示PLC与伺服驱动器I/O控制信号接插线CN1 50针插口的硬件连接，如图4-14所示。

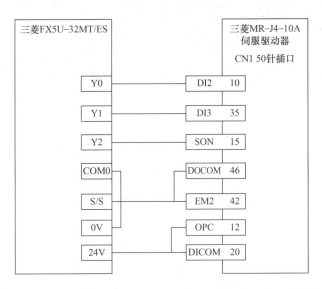

图 4-14　PLC 与伺服驱动器 I/O 控制信号接插线 CN1 插口的接线图

3 组态监视界面分析与设计

根据设计任务要求，组态界面需要包含以下要素方能实现全部控制功能，主要有：①工作指示灯、急停指示灯和复位指示灯，合计 3 个；②原点、A 点、B 点、C 点、左极限和右极限传感器指示灯，合计 6 个；③启动按钮、停止按钮、急停按钮和复位按钮，合计 4 个；④丝杠平台速度设定输入，1 个；⑤滑台（又称工作台）当前位置显示输出，1 个；⑥能够实时显示丝杠平台运行情况的滑动输入器，1 个。触摸屏组态监视界面可以参考图 4-15。

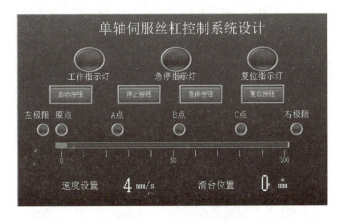

图 4-15　组态监视界面

根据触摸屏监视与控制要求，集中规划并列出了数据链接对照表格，见表 4-4。该表格中的输入/输出变量均对应于组态设计界面中的各构件要素，同时也将严格对应于后续 PLC 编程的内部存储器。

表4-4　数据链接对照表

输入变量		输出变量	
名称	定义	名称	定义
原点限位开关	X0	工作状态	M10
C点接近开关	X2	复位状态	M20
B点接近开关	X3	复位指示灯	M30
A点接近开关	X4	工作指示灯	M40
左极限开关	X5	急停指示灯	M50
右极限开关	X6	输出脉冲频率	D20
启动按钮	M0	滑台位置寄存器	D30
停止按钮	M1		
急停按钮	M2		
复位按钮	M3		
速度设定值	D10		

在编辑界面中，标题文字由"文本" A 构件完成；启动按钮、急停按钮、停止按钮和复位按钮由"开关" 中的"位开关"构件完成；工作指示灯、急停指示灯、复位指示灯以及左极限、原点、A点、B点、C点和右极限传感器指示灯由"指示灯" 中的"位指示灯"构件完成；速度设置输入框由"数值显示/输入" 中的"数值输入"构件完成；滑台位置显示框由"数值显示/输入" 中的"数值显示"构件完成；滑台实时位置由"滑杆" 构件完成。

启动按钮、急停按钮、停止按钮和复位按钮分别实现相应的按钮控制功能，其组态设置如图4-16所示，分别将M0、M1、M2、M3设置到对应"位开关"对话框的"软元件"中。

图4-16　按钮的组态界面

　　工作指示灯、急停指示灯、复位指示灯以及左极限、原点、A 点、B 点、C 点和右极限传感器指示灯，其组态设置如图 4-17 所示，分别将 M40、M50、M30、X5、X0、X4、X3、X2、X6 设置到对应"位指示灯"对话框的"软元件"中。

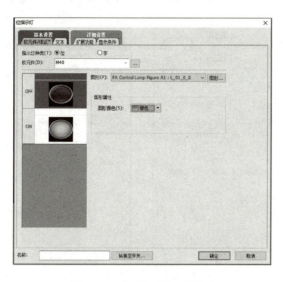

图 4-17　指示灯的组态界面

　　速度设置输入框用来设置丝杠滑台的运行速度，在"数值输入"对话框的"软元件"选项卡中，将"种类"设置为"数值输入"，"软元件"设置为"D10"，"数据类型"设置为"无符号 BIN16"，"整数部位数"设置为"2"，如图 4-18 所示。

　　滑台位置输出显示框用来实时显示丝杠滑台当前位置的数值，在"数值显示"对话框的"软元件"选项卡中，将"种类"设置为"数值显示"，"软元件"设置为"D30"，"数据类型"设置为"无符号 BIN16"，"整数部位数"设置为"3"，如图 4-19 所示。

图 4-18　速度设置输入框设置

图 4-19　滑台位置数值显示设置

滑杆是用来生动形象地显示丝杠滑台的当前状态和运行轨迹的。在"滑杆"的"软元件/样式"选项卡中，将"软元件"设置为"D30"，"下限值"修改为"0"，如图 4-20 所示；在"刻度"选项卡中，将"刻度值显示"下限值修改为"0"，如图 4-21 所示。

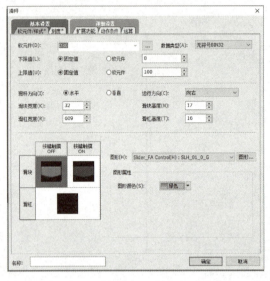

图 4-20　滑杆的样式设置

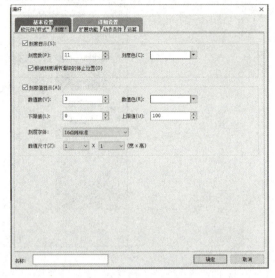

图 4-21　滑杆的刻度设置

4　伺服参数设置

首先将伺服上电，设置表4-5 中的参数，其余均为初始值。设置完毕后，把系统断电，重新启动，则参数有效。

表 4-5　MR‑J4‑10A 位置控制模式的主要参数

参数	名　　称	设定值	说　　明
Pr. PD44	CN1‑10 设置为 DI2，脉冲信号输入	3A00h	可向 CN1‑10 引脚/CN1‑37 引脚分配任意的输入软元件。详见"MR‑J4 伺服驱动器技术资料集（定位模式篇）"7‑66 页
Pr. PD46	CN1‑35 设置为 DI3，脉冲信号输入	3B00h	可向 CN1‑35 引脚/CN1‑38 引脚分配任意的输入软元件。详见"MR‑J4 伺服驱动器技术资料集（定位模式篇）"7‑66 页
Pr. PD04	CN1‑15 设置为 SON	0202h	可对 CN1‑15 引脚分配任意的输入软元件。详见"MR‑J4 伺服驱动器技术资料集（定位模式篇）"7‑58 页
Pr. PA04	功能选择 A‑1	2000h	使用 EM2 强制停止减速功能有效

5　程序设计

根据控制要求，写出控制程序流程图。程序主要分为两大部分：第一部分是初始化程序段，主要功能是系统初始化、相关数据的采集和换算以及各种标志位的标定；第二部分是工作流程主程序，主要功能是运用步进指令按步骤完成控制要求，如图 4-22 所示。

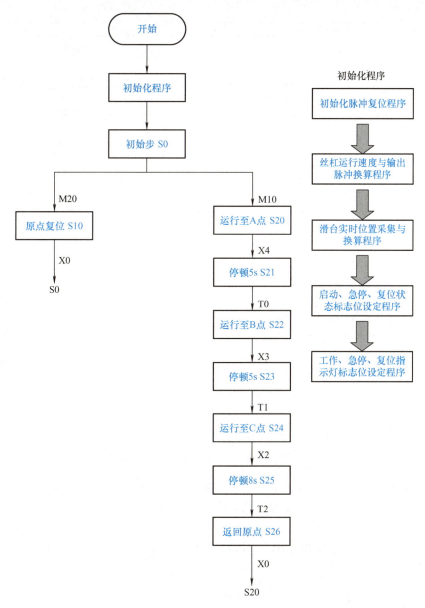

图 4-22 流程图和初始化程序功能图

上电初始化程序如图 4-23 所示，复位步进状态 S10～S30、标志位寄存器 M0～M50、脉冲输出 Y0 和脉冲方向 Y1、寄存器 D0～D100，速度寄存器 D10 赋值为 4mm/s，伺服驱动器使能 Y2 上电，设置步进状态 S0。

伺服驱动器的 CN1 硬件接口中左右极限端子没有连接，因此利用 FX5U PLC 的特殊寄存器 SM5660、SM5676 和使能端 Y2 实现限位保护功能。左右极限保护程序如图 4-24 所示，X5 为左极限微动开关保护，SM5660 为 1 轴正转极限，同时伺服驱动器使能 Y2 失电；X6 为右极限微动开关保护，SM5676 为 1 轴反转极限，同时伺服驱动器使能 Y2 失电，使得伺服电动机达到极限后停止。

工作台移动的速度是触摸屏（数据寄存器 D10，单位为 mm/s）设置的，丝杠的螺距为

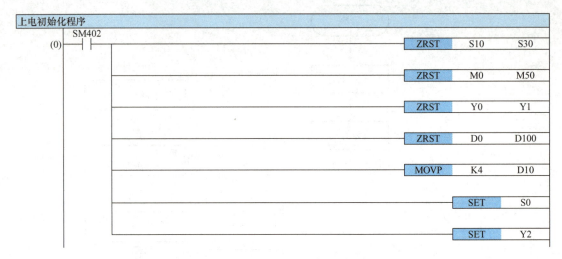

图 4-23　上电初始化程序

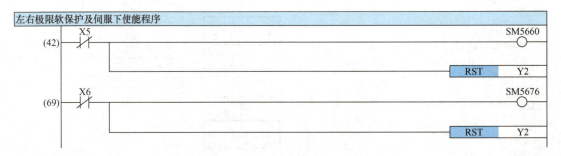

图 4-24　左右极限保护程序

4mm，伺服电动机转一周要 10000 个脉冲，则计算出产生脉冲的频率寄存器 D20 =（D10 × 10000/4）Hz。利用 1 轴当前位置脉冲数特殊寄存器 SD8340 计算出工作台当前位置，即工作台当前位置 D30 = SD8340/2500mm。SM400 为 FX5U PLC 系统时钟相关特殊继电器，其功能为始终为 ON，相当于 FX3U PLC 中的 M8000。伺服运行速度和滑台位置显示换算程序如图 4-25 所示。

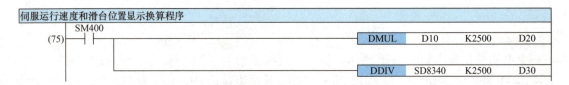

图 4-25　伺服运行速度和滑台位置显示换算程序

　　启动、复位和停止按钮设定标志位的联锁程序如图 4-26 所示。其中 SM5628 是 FX5U PLC 内置定位轴 1 脉冲停止指令，其功能为立即停止脉冲输出，为下一次启动伺服定位功能做好准备。若无该部分程序，当按下停止按钮后，伺服定位程序会失去运行条件、停止运行，但系统认为定位指令的脉冲没有发完，没有产生指令执行结束信号，即无法正常执行下一次定位指令。

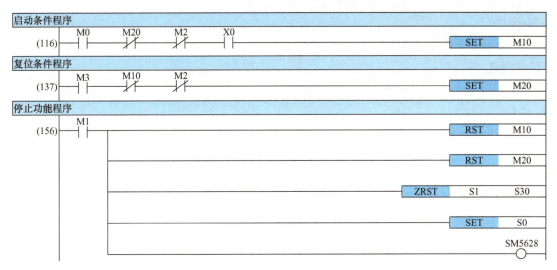

图 4-26　启动、复位和停止联锁程序

启动、复位、急停指示灯标志位设定的联锁程序及原点归零后复位标志自复位程序如图 4-27 所示。

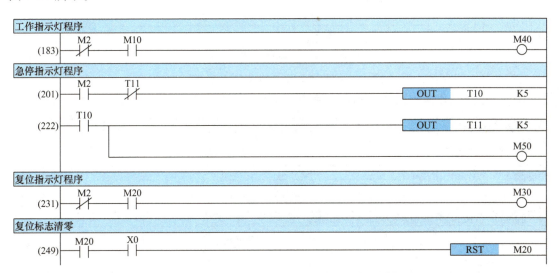

图 4-27　启动、复位、急停指示灯标志位联锁程序

系统流程选择性分支程序如图 4-28 所示，分为复位流程和启动流程。

复位归零流程具有急停和停止功能，其程序如图 4-29 所示。其中 DDSZR 指令为原点归零指令（32 位双字型），回归速度为 20000 脉冲/s，爬行速度为 5000 脉冲/s，输出执行轴为 1 轴，指令执行结束标志位为 M200，指令异常结束标志位为 M201。定位指令执行结束标志位 SM8029 产生上升沿脉冲，即表示伺服完成原点归零动作。SM5500 特殊继电器为内置定位轴 1 定位指令驱动中，即定位执行中始终为 ON，定位完成后变为 OFF。

工作流程同样具有急停和停止功能。系统启动后，利用绝对值定位指令 DDRVA 进行 A 点伺服定位，因无法知晓 A 点确切位置，故送入较 A 点转换距离更远的脉冲数 1000000，运行速度为 D20。当工作台到达 A 点，传感器检测到 X4 得电，即绝对值定位指令失电，

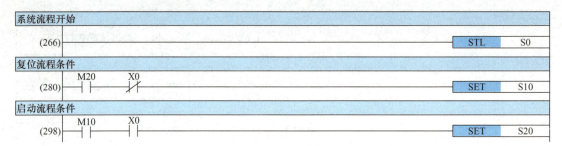

图 4-28　系统流程选择性分支程序

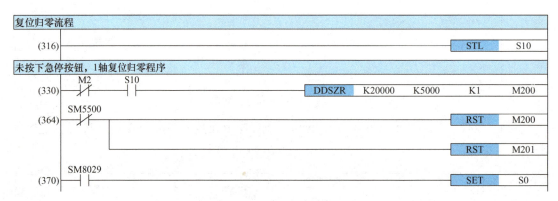

图 4-29　复位归零急停和停止程序

SM5628 得电，强制停止脉冲输出，停顿 5s 后，进入下一流程。其程序如图 4-30 所示。

B 点、C 点工作流程与 A 点类似，这里不再赘述。其程序如图 4-31、图 4-32 所示。

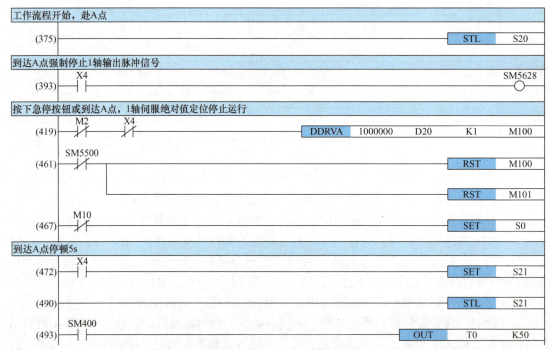

图 4-30　A 点工作流程程序

图 4-31 B 点工作流程程序

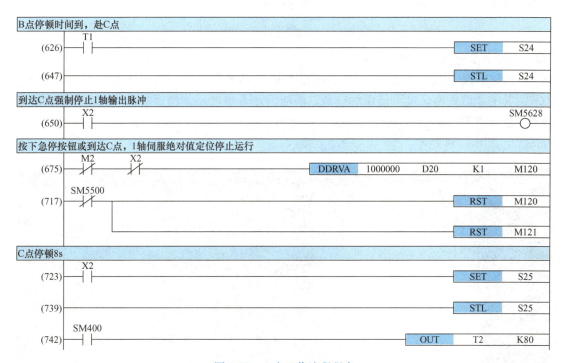

图 4-32 C 点工作流程程序

C 点停顿时间到，系统原点归零后，程序循环执行，其程序如图 4-33 所示。其中，程序增加步进状态 S27，执行 0.1s 的延时，其作用为避免步进状态连续驱动伺服运行，以免造成伺服报警不工作的情况产生。RETSTL 为 FX5U PLC 步进结束返回指令，其功能相当于

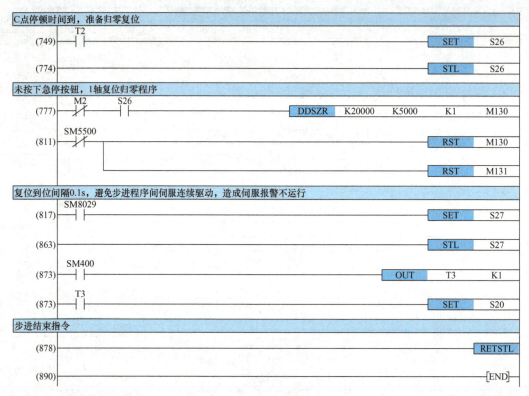

图4-33　定位结束循环流程程序

FX3U PLC 的步进结束返回指令 RET。

上述程序全部设计完成后，需要设置"模块参数"中的"以太网端口"和"高速I/O"，其中"以太网端口"模块的设置，前面的任务中已经详细讲解，这里不再赘述。下面重点示范讲解"高速I/O"模块参数的设置。选择"高速I/O"中的"输出功能"→"定位"，如图4-34所示。

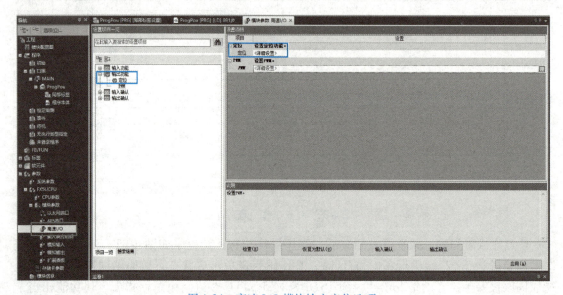

图4-34　高速 I/O 模块输出定位选项

双击"定位"文本框中的"详细设置",选择轴1,"脉冲输出模式"设置为"1:PULSE/SIGN","输出软元件(PULSE/CW)"选择"Y0",即 PULSE 脉冲输出口为 Y0,"输出软元件(SIGN/CCW)"选择"Y1",即 SIGN 脉冲方向为 Y1,原点回归设置为"1:启用",近点 DOG 信号为"X0",零点信号为"X0",零点信号计数开始时间为"1:近点 DOG 前端"。其中,近点 DOG 前端表示到达原点 X0 产生上升沿,即为原点回归完成;若设置为近点 DOG 后端,表示到达原点 X0 后离开产生下降沿,即为原点回归完成。设置完成后的界面如图 4-35 所示。

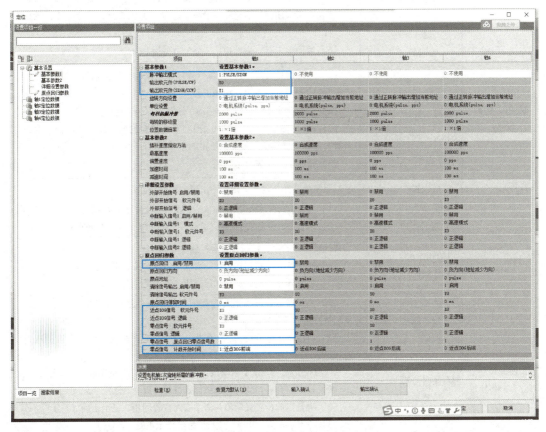

图 4-35　定位详细设置

6 调试运行

下载 FX5U PLC 程序和触摸屏程序,设置伺服参数后,重启伺服驱动器,将 FX5U PLC 和触摸屏以太网连接联机运行。

 任务考核

按照表 4-6 中的评分标准和评分步骤,根据评分表 4-7 对任务完成情况做出评价。

表4-6 功能测试评分标准

评分项目	评分点	配分	评分标准
电路设计与安装（25分）	器件安装	5	（1）器件每少安装一个扣0.5分，扣完为止 （2）器件未按图样布局安装，每处扣0.5，最高扣3分
	电路连接	20	（1）接线错误，每处扣1分，扣完为止 （2）未按图接线，每处扣0.5分，最高扣5分 （3）未按要求使用导线及选择颜色，每处扣0.5分，最高扣3分 （4）号码管全部未套或未标注，扣3分，部分完成，酌情扣0.5~1.2分 （5）全部未使用管形绝缘端子或U形插片，扣2分，部分完成，酌情扣0.5~1.2分 （6）线槽盖未盖，每处扣0.2分，最高扣1分
触摸屏界面（20分）	按照系统要求制作相应界面	20	（1）指示灯设计（7分）：具有急停、工作和复位指示灯及原点、A点、B点、C点指示灯，每少一项扣1分 （2）按钮设计（4分）：具有启动、停止、急停和复位按钮，每少一项扣1分 （3）输入/输出显示设计（6分）：具有滑台初始值输入、运行速度设置及滑台当前位置显示，每少一项扣2分 （4）滑台实时位置显示功能（3分）
功能测试与运行（45分）	参数设置	3	伺服驱动器参数设置：设置不正确，每处扣1分
	复位功能测试	4	（1）滑台运行速度设置10mm/s后，按下复位按钮，复位指示灯常亮（2分） （2）滑台按照设定速度向原点运行，完成复位功能后，停止在原点（2分）
	启动和停止功能测试	4	系统复位完成后，重新设置运行速度20mm/s （1）按下启动按钮，运行指示灯长亮，滑台按设定速度运行（2分） （2）按下停止按钮，运行指示灯灭，滑台停止（2分）
	急停功能测试	4	（1）系统在复位或者运行过程中，按一下急停按钮，急停指示灯闪烁，系统暂停运行（2分） （2）再按一下急停按钮，急停指示灯灭，系统恢复复位或者继续运行状态（2分）
	滑台实时位置与传感器显示测试	6	系统复位完成后，按下启动按钮进行以下测试，测试完成后按下停止按钮 （1）设定滑台初始值，与机械原点标定一致（1分） （2）滑台当前位置显示值与滑块实时位置同步，显示正确（3分） （3）原点、A点、B点、C点传感器显示正确（2分）
	控制系统整体功能测试	24	按步骤进行系统功能整体测试，输入滑台初始值和运行速度 （1）滑台未复位到原点位置，系统无法启动（2分） （2）滑台复位原点后，按下启动按钮，系统按照任务流程循环运行（16分） （3）滑台在复位原点或运行过程中任意位置，按下停止按钮，复位指示灯灭，系统运行停止（2分） （4）在系统运行中，按一下急停按钮，急停指示灯闪烁，系统暂停在当前流程步；再按一下急停按钮，急停指示灯灭，系统继续余下流程（2分） （5）触摸屏界面滑块实时位置指示和当前位置显示值同步、准确（2分）
职业素养与安全意识（10分）	职业素养与安全意识	10	（1）不遵守现场安全保护及违规操作，扣1~6分 （2）工具、器材等处理操作不符合职业要求，扣0.5~2分 （3）不遵守纪律，未保持工位整洁，扣0.5~2分
合　　计			

表4-7 评分表

评分表 _____学年		工作形式 □个人 □小组分工	工作时间：____分钟	
任务	评价内容	评分要求	学生自评	教师评分
单轴伺服丝杠 定位监控	1. 电路设计与安装 （25分）	触摸屏、伺服、PLC、丝杠等选择，电路设计与安装		
	2. 触摸屏界面设计 （20分）	设备组态；窗口组态 程序编写；参数设置		
	3. 功能测试（45分）	按钮输入功能；指示灯功能 滑台移动；数据显示功能 伺服系统按控制要求运行		
	4. 职业素养与安全意识（10分）	现场安全保护；工具、器材等处理操作符合职业要求 分工合作，配合紧密；遵守纪律，保持工位整洁		

学生_____ 教师_____ 日期_____

练习与提高

1. 增加成品产量统计，请设计控制程序和触摸屏界面。
2. 增加单步测试和单周期运行功能，请设计控制程序和触摸屏界面。

任务3 XY 棋盘格双轴控制

任务目标

1. 建立触摸屏与三菱 XY PLC 之间的通信，掌握 XY 平台双轴定位原理。
2. 会设置双轴控制模块参数，编写 PLC 控制程序。
3. 掌握触摸屏组态设计和双轴联机调试的方法。

任务描述

FX5U PLC 控制 XY 棋盘格双轴控制平台实物图如图4-36所示。

控制系统功能按下列设计要求运行，采用触摸屏实时监视与控制。

1）具有手动单独控制 X 和 Y 单轴正转、反转以及吸盘抓料和放料功能。

2）具有 XY 双轴复位归零功能，按下复位按键，平台回到棋盘格原点（0，0）坐标处。

3）具有从棋盘格任意坐标位置抓取工件，放置于触摸屏指定坐标位置的功能。

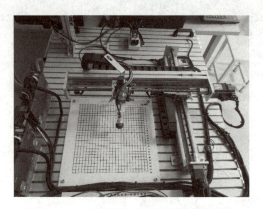

图 4-36 XY 棋盘格双轴控制平台实物图

1 系统组成

该任务是在项目 4 任务 2 的基础上演变而来的，其系统组成和任务 2 基本一致，这里不再赘述。不同之处是 FX5U PLC 控制单轴变为控制 XY 双轴，每个丝杠上只装有原点传感器和左右极限微动开关。

2 控制电路设计

首先进行 I/O 分配，确定输入/输出点及对应功能，见表 4-8。

表 4-8 I/O 分配表

输 入 信 号		输 出 信 号	
名称	定义	名称	定义
吸盘气缸上升到位	X0	X 轴输出脉冲	Y0
吸盘气缸下降到位	X1	X 轴脉冲方向	Y2
X 轴原点	X2	X 轴伺服使能	Y4
X 轴左极限	X3	Y 轴输出脉冲	Y1
X 轴右极限	X4	Y 轴脉冲方向	Y3
Y 轴原点	X5	Y 轴伺服使能	Y5
Y 轴左极限	X6	真空吸盘电磁阀	Y6
Y 轴右极限	X7	气缸下降电磁阀	Y7

然后根据 I/O 分配表设计控制电路图，因为输入信号比较简单单一，这里不再赘述。PLC 与伺服驱动器 I/O 控制信号接插线 CN1 50 针插口的硬件连接与项目 4 任务 2 基本一致，只需要根据实际的输出信号端子分别连接 X、Y 轴的伺服驱动器，可以参考任务 2 的接线图自行设计连接。

3　组态监视界面分析与设计

根据设计任务要求，组态界面需要包含以下要素方能实现全部控制功能，主要由手动控制和自动控制两部分组成。其中手动控制部分由 X 轴正转和反转按钮、Y 轴正转和反转按钮以及吸盘取料和放料按钮组成；自动控制部分主要由 XY 双轴复位和 XY 定位启动按钮以及 X 轴和 Y 轴定位坐标输入框组成。因此，触摸屏组态监视界面可以参考图 4-37。

图 4-37　XY 棋盘格双轴控制组态参考界面

根据触摸屏监视与控制要求，集中规划并列出数据连接对照表格，见表 4-9。表格中的输入/输出变量均对应于组态设计界面中的各构件要素，同时也将严格对应于后续 PLC 编程的内部存储器。

表 4-9　数据连接对照表

名称	定义	名称	定义
X 轴正转按钮	M0	吸盘取料按钮	M8
X 轴反转按钮	M1	吸盘放料按钮	M9
Y 轴正转按钮	M2	X 轴定位坐标	D0
Y 轴反转按钮	M3	Y 轴定位坐标	D10
XY 双轴复位按钮	M6		
XY 定位启动按钮	M7		

该任务组态界面的设计比较简单，所包含的设计元素前面的任务均已讲过，这里就不再赘述了。最终组态控制界面设计效果如图 4-38 所示。

4　伺服参数设置

伺服参数的设置与任务 2 相同，只需分别在 X、Y 伺服驱动器上设置即可，这里不再赘述。

5　程序设计

根据控制要求，程序主要分为 3 大部分，分别为初始化程序、手动调试程序和自动定位程序。

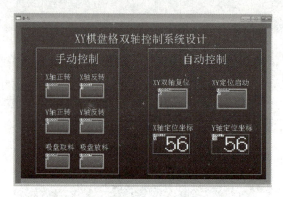

图4-38　XY棋盘格双轴组态设计界面

（1）初始化程序

X、Y轴左右极限软保护程序如图4-39所示。SM5660、SM5676为1轴正反转极限保护特殊继电器，SM5661、SM5677为2轴正反转极限保护特殊继电器，其功能为使伺服电动机达到极限后停止。

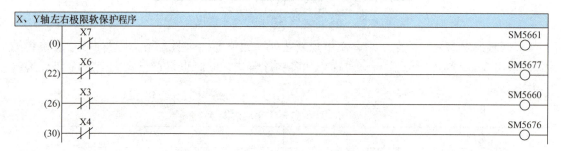

图4-39　X、Y轴左右极限软保护程序

XY轴伺服使能程序如图4-40所示。

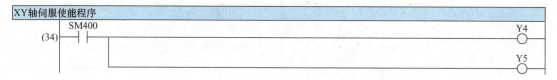

图4-40　XY轴伺服使能程序

XY定位格数是由触摸屏X轴定位坐标D0、Y轴定位坐标D10数值输入框设置的。丝杠的螺距为4mm，棋盘格每一格间距为1cm，伺服电动机转一周要10000个脉冲，则换算出定位格数和定位脉冲数之间的比例系数为25000。XY定位格数与输出脉冲换算程序如图4-41所示。

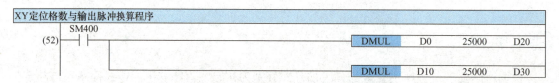

图4-41　XY定位格数与输出脉冲换算程序

（2）手动调试程序

手动控制 1 轴（即 X 轴）、2 轴（即 Y 轴）的正反转程序如图 4-42 所示。定位的运行条件是抓取气缸上升到位并且有手动控制信号（利用相对位置定位指令）。

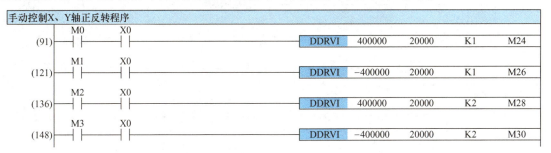

图 4-42　手动控制 X、Y 轴正反转程序

吸盘抓料程序如图 4-43 所示。其动作流程为按下抓料按钮，气缸电磁阀得电下降，真空吸盘电磁阀得电吸真空，气缸下降到位，吸盘抓料，气缸电磁阀失电上升。

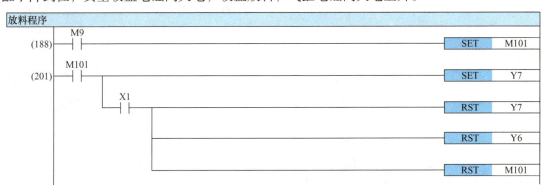

图 4-43　吸盘抓料程序

吸盘放料程序如图 4-44 所示。其动作流程为按下放料按钮，气缸电磁阀得电下降，气缸下降到位，真空吸盘电磁阀失电，吸盘放料，气缸电磁阀失电上升。

```
放料程序
        M9
(188)   ┤├────────────────────────────────── SET   M101
        M101
(201)   ┤├────────────────────────────────── SET   Y7
              X1
              ┤├──────────────────────────── RST   Y7
                                              RST   Y6
                                              RST   M101
```

图 4-44　吸盘放料程序

（3）自动定位程序

X、Y 轴复位归零程序如图 4-45 所示，其中气缸上升到位是 X、Y 轴复位归零运行的必要条件。

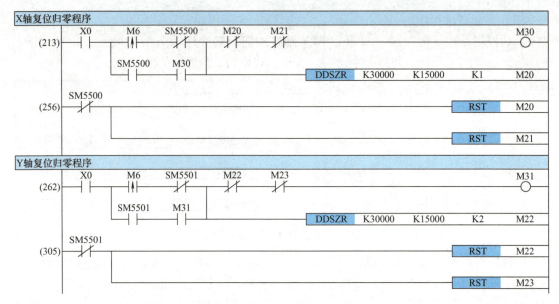

图 4-45　X、Y 轴复位归零程序

X、Y 轴定位控制程序如图 4-46 所示，利用绝对值定位指令 DDRVA 进行 X、Y 双轴定位。

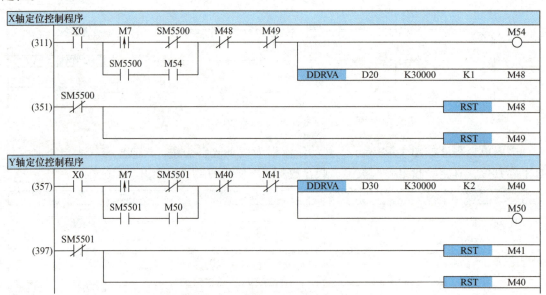

图 4-46　X、Y 轴定位控制程序

上述程序全部设计完成后，需要设置"模块参数"中的"以太网端口"和"高速 I/O"，下面重点讲解"高速 I/O"模块参数的设置。选择"高速 I/O"中的"输出功能"→"定位"（参考图 4-34）。

双击"定位"文本框中的"详细设置"，如图 4-47 所示。选择轴 1，"脉冲输出模式"设置为"1：PULSE/SIGN"，"输出软元件（PULSE/CW）"选择"Y0"，即 PULSE 脉冲输出口为 Y0，"输出软元件（SIGN/CCW）"选择"Y2"，即 SIGN 脉冲方向为 Y2，"旋转方向设

项目	轴1	轴2
基本参数1	**设置基本参数1。**	
脉冲输出模式	1:PULSE/SIGN	1:PULSE/SIGN
输出软元件(PULSE/CW)	Y0	Y1
输出软元件(SIGN/CCW)	Y2	Y3
旋转方向设置	1:通过反转脉冲输出增加当前地址	0:通过正转脉冲输出增加当前地址
单位设置	0:电机系统(pulse, pps)	0:电机系统(pulse, pps)
每转的脉冲数	100000 pulse	100000 pulse
每转的移动量	10 pulse	10 pulse
位置数据倍率	1:×1倍	1:×1倍
基本参数2	**设置基本参数2。**	
插补速度指定方法	0:合成速度	0:合成速度
最高速度	100000 pps	100000 pps
偏置速度	0 pps	0 pps
加速时间	100 ms	100 ms
减速时间	100 ms	100 ms
详细设置参数	**设置详细设置参数。**	
外部开始信号 启用/禁用	0:禁用	0:禁用
外部开始信号 软元件号	X0	X0
外部开始信号 逻辑	0:正逻辑	0:正逻辑
中断输入信号1 启用/禁用	0:禁用	0:禁用
中断输入信号1 模式	0:高速模式	0:高速模式
中断输入信号1 软元件号	X0	X0
中断输入信号1 逻辑	0:正逻辑	0:正逻辑
中断输入信号2 逻辑	0:正逻辑	0:正逻辑
原点回归参数	**设置原点回归参数。**	
原点回归 启用/禁用	1:启用	1:启用
原点回归方向	0:负方向(地址减少方向)	0:负方向(地址减少方向)
原点地址	0 pulse	0 pulse
清除信号输出 启用/禁用	0:禁用	0:禁用
清除信号输出 软元件号	Y0	Y0
原点回归停留时间	0 ms	0 ms
近点DOG信号 软元件号	X2	X5
近点DOG信号 逻辑	0:正逻辑	0:正逻辑
零点信号 软元件号	X2	X5
零点信号 逻辑	0:正逻辑	0:正逻辑
零点信号 原点回归零点信号数	1	1
零点信号 计数开始时间	0:近点DOG后端	0:近点DOG后端

图 4-47　XY 双轴定位详细设置

置"为"1：通过反转脉冲输出增加当前地址"，"原点回归　启用/禁用"设置为"1：启用"，"近点 DOG 信号　软元件号"为"X2"，"零点信号　软元件号"为"X2"，"零点信号　计数开始时间"为"0：近点 DOG 后端"。选择轴 2，"脉冲输出模式"设置为"1：PULSE/SIGN"，"输出软元件（PULSE/CW）"选择"Y1"，即 PULSE 脉冲输出口为 Y1，"输出软元件（SIGN/CCW）"选择"Y3"，即 SIGN 脉冲方向为 Y3，"旋转方向设置"为"0：通过正转脉冲输出增加当前地址"，"原点回归　启用/禁用"设置为"1：启用"，"近点 DOG 信号　软元件号"为"X5"，"零点信号　软元件号"为"X5"，"零点信号　计数开始时间"为"0：近点 DOG 后端"。

6 调试运行

下载 FX5U PLC 程序和触摸屏程序，设置伺服参数后，重启伺服驱动器，将 FX5U PLC 和触摸屏以太网连接联机运行。

 任务考核

任务完成后，按照表 4-10 中的评分标准和评分步骤，根据评分表 4-11 对任务完成情况做出评价。

表 4-10　功能测试评分标准

评分项目	评分点	配分	评 分 标 准
电路设计与安装（25 分）	器件安装	5	（1）器件每少安装一个扣 0.5 分，扣完为止 （2）器件未按图样布局安装，每处扣 0.5，最高扣 3 分
	电路连接	20	（1）接线错误，每处扣 1 分，扣完为止 （2）未按图接线，每处扣 0.5 分，最高扣 5 分 （3）未按要求使用导线及选择颜色，每处扣 0.5 分，最高扣 3 分 （4）号码管全部未套或未标注，扣 3 分，部分完成，酌情扣 0.5~1.2 分 （5）全部未使用管形绝缘端子或 U 形插片，扣 2 分，部分完成，酌情扣 0.5~1.2 分 （6）线槽盖未盖，每处扣 0.2 分，最高扣 1 分
触摸屏界面（20 分）	按照系统要求制作相应界面	20	（1）按钮设计（16 分）：X、Y 轴正转按钮、反转按钮、吸盘取料和放料按钮、XY 轴复位按钮和定位启动按钮，每少一项扣 2 分 （2）X、Y 定位坐标输入框设计（4 分）：每少一项扣 2 分
功能测试与运行（45 分）	参数设置	5	伺服驱动器参数设置：设置不正确，每处扣 1 分
	复位功能测试	15	XY 完成复位功能后，停止在原点（15 分） X 或 Y 不能完成原点复位功能，每项扣 5 分；无左右极限位保护，扣 5 分
	放料取料功能测试	10	气缸和吸盘能完成取料和放料功能，每少一项功能扣 5 分
	定位启动功能测试	15	系统复位完成后，在定位坐标中输入 X、Y 轴坐标，能准确运行到指定位置，15 分。无法完成定位，扣 15 分；定位坐标不准确，扣 5 分
职业素养与安全意识（10 分）	职业素养与安全意识	10	（1）不遵守现场安全保护及违规操作，扣 1~6 分 （2）工具、器材等处理操作不符合职业要求，扣 0.5~2 分 （3）不遵守纪律，未保持工位整洁，扣 0.5~2 分
合　　　计			

表 4-11　评分表

评分表	_____学年	工作形式 □个人　□小组分工		工作时间：___分钟	
任务	评价内容	评分要求		学生自评	教师评分
XY 棋盘格 双轴控制	1. 电路设计与安装 （25 分）	触摸屏、伺服、PLC、丝杠等选择，电路设计与安装			
	2. 触摸屏界面设计 （20 分） 完成组态界面制作	组态界面程序编写；参数设置；程序下载			
	3. 功能测试（45 分） 全面检测整个装置	按钮输入功能；滑台移动 伺服系统按控制要求运行			
	4. 职业素养与安全意识（10 分）	现场安全保护；工具、器材等处理操作符合职业要求；分工合作，配合紧密；遵守纪律，保持工位整洁			

学生_____　教师_____　日期_____

练习与提高

在本任务的基础上，请设计 PLC 控制程序和触摸屏界面，完善以下功能：

（1）增加 X、Y 轴运行指示灯。

（2）手动调试时，增加 X、Y 轴运行速度设定框。

（3）增加 X、Y 轴原点回归速度设定框。

（4）能实时显示 X、Y 轴当前运行坐标值。

（5）增加系统停止按键，按下后，系统立即停止运行。

项目5

FX5U PLC、触摸屏与FX5-40SSC-S运动控制模块的典型应用

本项目主要介绍三菱 FX5U PLC 与 FX5-40SSC-S 简单运动控制模块、MR-J4W2-22B 伺服驱动器及其编程软件的使用。

任务1 认识 FX5-40SSC-S 运动控制模块

1. 认识 FX5-40SSC-S 运动控制模块，掌握其各组成部分及功能。
2. 掌握 FX5-40SSC-S 运动控制模块安装、接线及软件设置方法。

完成三菱 FX5U-32MT PLC 与三菱 FX5-40SSC-S 简单运动控制模块的硬件安装与连接，并完成 FX5-40SSC-S 简单运动控制模块的电源接线。

1 认识 FX5-40SSC-S 模块

FX5-40SSC-S 模块是三菱电机 MELSEC iQ-F FX5 PLC 搭载的简单运动控制模块，其基本单元外观如图 5-1 所示。

FX5-40SSC-S 模块基本单元对应的各部分内容见表 5-1。

表 5-1 FX5-40SSC-S 模块基本单元内容

编号	名　称	内　容
1	外部输入信号	用于连接机械系统输入、手动脉冲器/INC 同步编码器、紧急停止输入的连接器（26 针连接器）
2	扩展电缆	用于连接 CPU 模块等的连接器
3	直接安装用孔	直接安装时使用的孔（2×φ4.5mm、安装螺栓：M4 螺栓）

（续）

编号	名　称	内　容
4	轴显示用 LED（AX1、AX2、AX3、AX4）	
5	POWER LED	
6	RUN LED	
7	ERROR LED	
8	下段扩展连接器	用于在下段连接扩展模块的连接器
9	DIN 导轨安装用槽	可以安装在 DIN46277（宽度：35mm）的 DIN 导轨上
10	铭牌	记载有串行 No. 等
11	DIN 导轨安装用卡扣	用于安装至 DIN 导轨的卡扣
12	拔出标签	拔出 CPU 模块等时使用的标签
13	电源连接器	用于连接电源的连接器
14	SSCNET 电缆连接用连接器	用于连接伺服驱动器的连接器

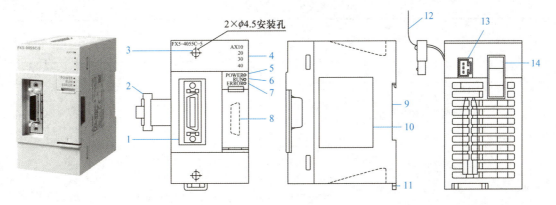

图 5-1　FX5－40SSC－S 模块基本单元外观

2　FX5－40SSC－S 模块与三菱 FX5U PLC 连接

（1）模块电源接线

FX5－40SSC－S 模块的供电电压为直流 24V，模块上的电源连接器引出了红、黑、绿三色线。红色线接直流 24V 电源的正极，黑色线接直流 24V 电源的负极，绿色线为接地线。接线方式如图 5-2 所示。

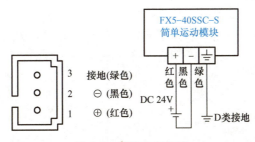

图 5-2　模块电源接线

（2）模块与 FX5U PLC 连接

把 FX5－40SSC－S 模块左侧的扩展电缆连接到 FX5U PLC 右侧，如图 5-3 所示。

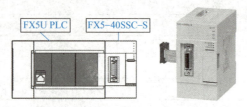

图 5-3　模块与 FX5U PLC 连接

 任务考核

连接 FX5U PLC 与 FX5－40SSC－S 简单运动模块，按表 5-2 进行评分。

表 5-2　评分表

评分表	＿＿＿学年	工作形式 □个人　□小组分工		工作时间：＿＿分钟
任务	评价内容	评 分 要 求	学生自评	教师评分
认识 FX5－40SSC－S 运动控制模块	1. 安装 FX5－40SSC－S 简单运动控制模块（35分）	FX5－40SSC－S 简单运动控制模块硬件安装：35 分		
	2. 连接 FX5－40SSC－S 简单运动控制模块（40分）	插接扩展电缆，完成与 PLC 模块的连接：20 分 完成 FX5－40SSC－S 简单运动控制模块的电源接线：20 分		
	3. 上电检查（25分）	硬件连接检查：10 分 线路连接检查：10 分 上电观察 LED 指示灯：5 分		

学生＿＿＿＿＿　教师＿＿＿＿＿　日期＿＿＿＿＿

 练习与提高

1. 通过三菱电机官网详细了解 FX5－40SSC－S 简单运动控制模块，下载 FX5－40SSC－S 简单运动控制模块使用手册。

2. 完成 FX5－40SSC－S 简单运动控制模块的硬件安装。

3. 完成 FX5－40SSC－S 简单运动控制模块的电源接线。

任务2 认识 MR – J4W2 – 22B 伺服驱动器

任务目标

1. 认识 MR – J4W2 – 22B 伺服驱动器，掌握其各组成部分功能及输入/输出接口电路。
2. 掌握 MR – J4W2 – 22B 伺服驱动器与伺服电动机的安装、接线及调试方法。

任务描述

完成三菱 FX5 – 40SSC – S 简单运动控制模块与三菱 MR – J4W2 – 22B 伺服驱动器的 SSC-NET Ⅲ/H 光纤电缆连接，完成三菱 MR – J4W2 – 22B 伺服驱动器的输入电源接线，并完成与三菱 HG – KR13J 伺服电动机的连接，最后完成三菱 MR – J4W2 – 22B 伺服驱动器的初次上电和基本参数设置。

任务训练

认识三菱 MR – J4W2 – 22B 伺服驱动器

MR – J4 系列伺服产品是目前三菱电机最成熟最先进的驱动控制产品之一，该产品具有高精度、高响应性能，通过多轴一体化的伺服驱动器实现了节能，降低了应用开发成本；同时还节省了伺服驱动器安装空间。三菱 MR – J4W2 – 22B 是双轴伺服驱动器，能同时带动两台伺服电动机运行。伺服电动机的各项运行参数可以通过计算机软件直接进行调整，还可以通过计算机来监控显示、诊断伺服系统和伺服电动机的运行情况。

三菱 MR – J4W2 – 22B 伺服驱动器外观如图 5-4 所示，伺服驱动器与伺服电动机连接如图 5-5 所示。

其主要特点如下：

1）多轴集成伺服驱动器：双轴一体化，可以驱动 2 台伺服电动机。它实现了设备的小型化，降低了成本和能耗。另外，伺服电动机可与旋转式、直线式、直驱式电动机组合使用。

2）业界领先的基本性能：采用集成了先进专有高速伺服控制架构的专用执行引擎，实现了 2.5kHz 的速度频率响应。再加上采用高分辨率绝对位置编码器（4194304pulses/rev），处理速度得到了显著提高，可最大限度地提高高端机器的性能。

3）基于光纤网络通信的 SSCNETIII/H 系统具有高响应特性：双向数据传输/接收速度比以前提升 3 倍，最高可达 150Mbit/s（相当于单向 300Mbit/s）双向数据传输/接收，达到 0.22ms、高速化的指令通信周期。通过同步通信实现设备的高

图 5-4 MR – J4W2 – 22B
伺服驱动器外观

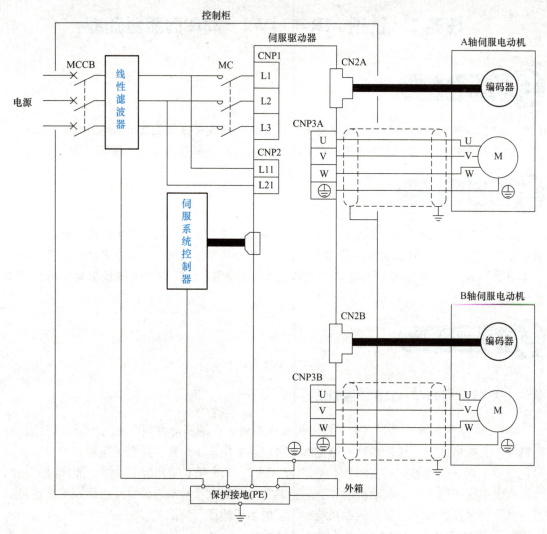

图 5-5　MR－J4W2－22B 伺服驱动器与伺服电动机连接

性能化，极大地提高了伺服系统的响应速度。同时，通过光纤通信实现了飞跃性的抗干扰性能。

（1）SSCNETⅢ电缆的连接

伺服驱动器的连接采用SSCNETⅢ光纤电缆，通过SSCNETⅢ光纤电缆从 FX5－40SSC－S 简单运动控制模块连接至第一台伺服驱动器的 CN1A 连接器上。要连接第二台伺服驱动器时，使用 SSCNETⅢ光纤电缆从第一台的 CN1B 连接器出发，连接到第二台伺服驱动器的 CN1A 上。在最终伺服驱动器的 CN1B 连接器上装上伺服驱动器附带的端盖，连接示意图如图 5-6 所示。

注意：请不要直视伺服驱动器 CN1A 连接器、CN1B 连接器及 SSCNETⅢ 电缆前端发出的光线。若眼睛直视光线时，可能导致眼部不适。

伺服驱动器的初次上电和调试运行均通过驱动器上的拨码开关来实现，如图 5-7 所示。

（2）试运行切换开关（SW2－1）调试

变更为试运行模式时，应将该开关设定为"ON（上）"。将试运行切换开关设定为

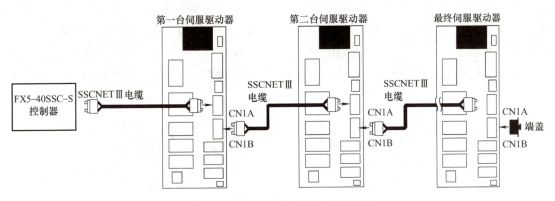

图 5-6   SSCNETⅢ电缆的连接示意图

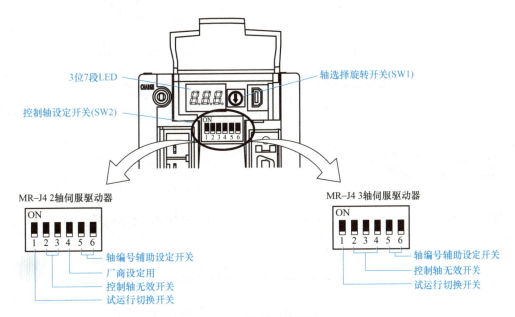

图 5-7   拨码开关设置

"ON（上）"后，即变为全轴试运行模式。在试运行模式中，通过控制软件，可使用 JOG 运行、定位运行、机械分析器等功能。将试运行切换开关设为"ON（上）"时，应将控制轴无效开关设为"OFF"，如图 5-8 所示。

（3）滚动显示

按顺序滚动显示各轴状态，可确认全轴的伺服状态。

1）常规显示：未发生报警时，按顺序滚动显示各轴状态，如图 5-9 所示。

2）报警表示：当发生报警时，显示状态后会显示报警编号（2 位）和报警详情（1 位）。此处举例说明 A 轴发生［AL.16 编码器初始通信异常］、B 轴发生［AL.32 过电流］时的情况，如图 5-10 所示。

控制轴无效开关	A轴	B轴
ON ⌐ ⌐ ⌐ ⌐ ⌐ ⌐ 1 2 3 4 5 6	有效	有效

图 5-8   试运行切换开关（SW2-1）调试

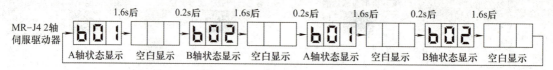

图 5-9　常规显示

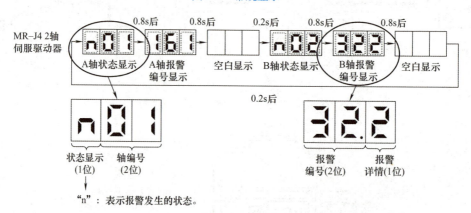

图 5-10　报警表示

任务考核

连接 FX5－40SSC－S 简单运动模块与 MR－J4W2－22B 伺服驱动器，按表5-3 进行评分。

表5-3　评分表

评分表	＿＿＿学年	工作形式 □个人　□小组分工		工作时间：＿＿分钟	
任务	评价内容	评分要求		学生自评	教师评分
认识 MR－ J4W2－22B 伺服驱动器	1. 伺服驱动器电路连接（40分）	驱动器安装：10分 伺服电动机及编码器接线：10分 电源部分接线：20分			
	2. SSCNETⅢ光纤电缆连接（20分）	完成 FX5－40SSC－S 模块与伺服驱动器的连接：20分			
	3. 上电调试（40分）	伺服驱动器上电：10分 拨码开关设置：20分 报警信息排除：10分			

学生＿＿＿＿＿＿＿＿　教师＿＿＿＿＿＿＿　日期＿＿＿＿＿＿＿

1. 通过三菱电机官网下载 MR－J4W2－22B 伺服驱动器手册。
2. 掌握三菱 MR－J4W2－22B 伺服驱动器的电路连接方法。
3. 完成三菱 MR－J4W2－22B 伺服驱动器与伺服电动机的接线，并设置参数，通过显示屏监视运行状态。

任务 3　双轴运动控制伺服监控

1. 搭建双轴运动控制伺服监控系统平台。
2. 掌握简单运动控制模块参数设置。
3. 掌握 PLC 与双轴运动控制伺服监控系统的联机调试。

完成双轴运动控制监控系统平台的机构搭建，完成 PLC 上外部输入信号的连接，完成控制系统的软件设计与编程，并把 FX5－40SSC－S 模块设置参数和 PLC 软件程序分别下载到各自器件，最后完成系统的联机运行调试。

1 三菱 FX5U PLC 与简单运动控制模块连接

简单运动控制模块 FX5－40SSC－S 通过扩展电缆线与三菱 FX5U PLC 右侧的接口进行连接，简单运动控制模块需要单独供给直流 24V 电源，简单运动控制模块 FX5－40SSC－S 与伺服驱动器（MR－J4－B）通过 SSCNETⅢ/H 光纤电缆连接。控制系统连接图如图 5-11 所示。外部设备开关信号的连接为：轴 1 上限位常开信号接 PLC 的 X3，轴 1 下限位常开信号接 PLC 的 X12，轴 1 近点 DOG 的常开信号接 PLC 的 X13。轴 2 上限位常开信号接 PLC 的 X4，轴 2 下限位常开信号接 PLC 的 X6，轴 2 近点 DOG 的常开信号接 PLC 的 X5。

2 完成双轴运动控制工程项目

（1）新建工程
在“新建”对话框中，选择“FX5 CPU”系列，机型为“FX5U”，如图 5-12 所示。
（2）模块选择
①单击左侧“导航”目录树下的“工程”→“模块配置图”；②在右侧的“显示对象”

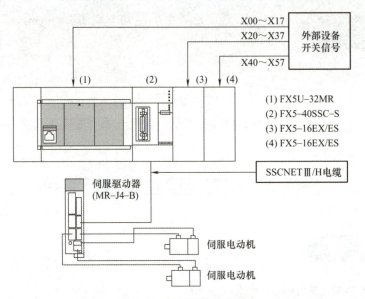

图5-11 控制系统连接图

下拉列表框中选择"FX5系列";③选择简单运动控制，并把"FX5－40SSC－S"模块拖到模块配置图中，与PLC合并，如图5-13所示。

（3）模块设置

双击FX5－40SSC－S模块，单击灰色的"轴1""轴2"，增加两台伺服电动机，如图5-14所示。

（4）设置轴1

设置轴1为"水平滚珠螺杆"，设置滚珠螺杆导程数值为75000，如图5-15所示。

图5-12 新建工程

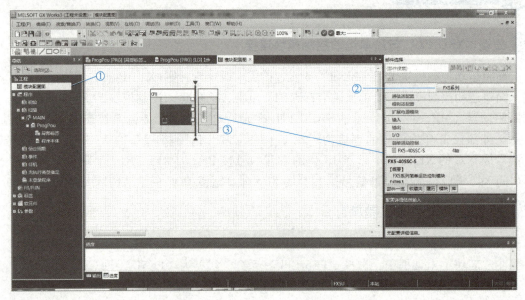

图5-13 模块选择

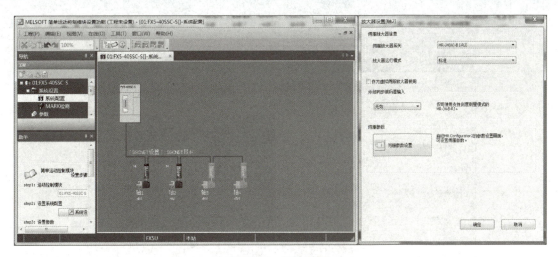

图 5-14　模块设置

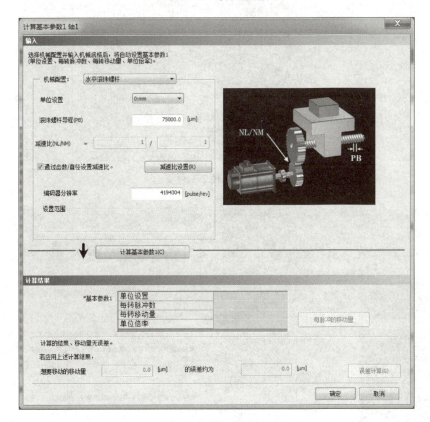

图 5-15　轴 1 的设置

（5）设置轴 2

设置轴 2 也为"水平滚珠螺杆"，滚珠螺杆导程数值也为 75000，如图 5-16 所示。

（6）轴 1、轴 2 基本参数设置

轴 1、轴 2 基本参数设置如图 5-17、图 5-18、图 5-19 所示。Pr.97 参数选择"1：SSC-NET Ⅲ/H"。Pr.22 输入信号逻辑：上限限位、下限限位、停止信号均选择"负逻辑"。近点 DOG 信号选择"正逻辑"。

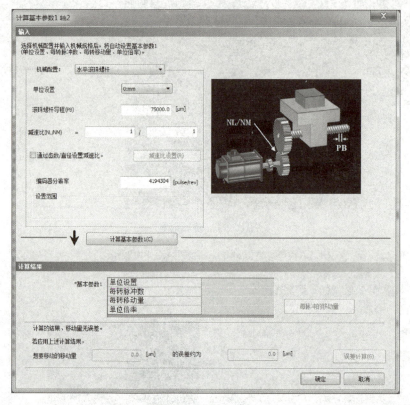

图 5-16　轴 2 的设置

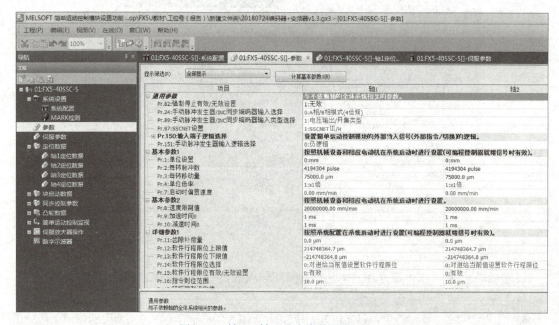

图 5-17　轴 1、轴 2 基本参数设置（一）

图5-18　轴1、轴2基本参数设置（二）

图5-19　轴1、轴2基本参数设置（三）

Pr.43：原点回归方式均选择0：近点DOG型。Pr.44：原点回归方向均选择0：正方向（地址增加方向）。Pr.46：原点回归速度均选择50000.00mm／min。Pr.47：爬行速度均选择1000.00mm／min。

（7）轴 1 定位数据设置

轴 1 定位数据设置如图 5-20、图 5-21 所示。双轴运动控制平台需要走直线时，轴 1 的控制方式选择"0Ah：ABS 直线 2"（两轴的 ABS 线性插补），同时自动插补生成轴 2 参数。定位地址根据实际位置计算给定。双轴需要走圆弧时，轴 1 的控制方式选择"11h：INC 圆弧右"（中心点指定的圆弧插补方式），还是自动插补生成轴 2 参数。同时必须设定轴 1 和轴 2 的圆弧地址，圆弧地址根据半径变化计算获得，本任务中，半径变化为 5000μm。指令速度可以根据绘制圆盘的相对运动速度进行调整。

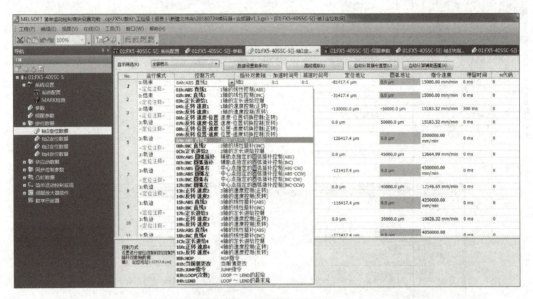

图 5-20　轴 1 定位数据设置（一）

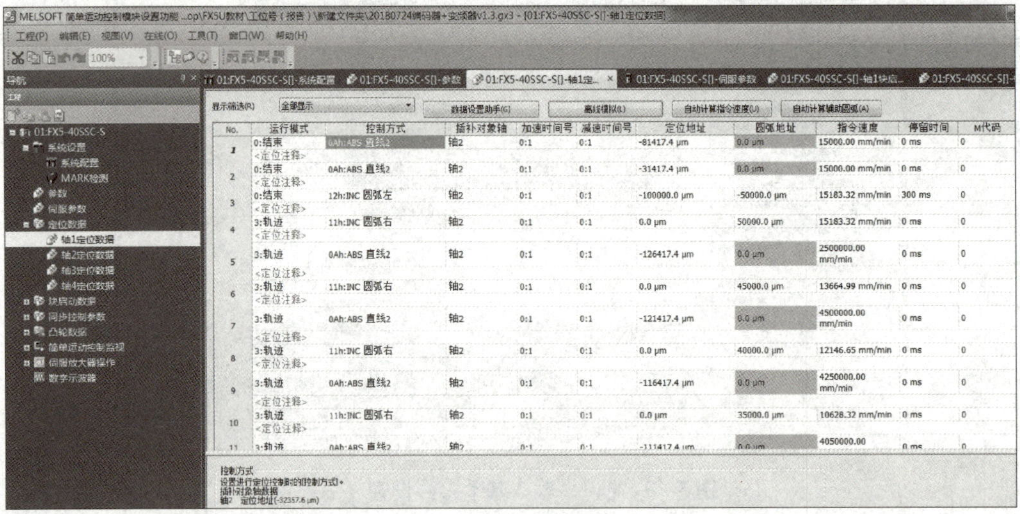

图 5-21　轴 1 定位数据设置（二）

（8）轴 2 参数生成

轴 2 的运行参数均为自动插补生成。轴 2 跟随轴 1 做圆弧运动时，必须设置圆弧运动的定位地址，即圆弧中心点位置。详细数据值设置如图 5-22 所示。

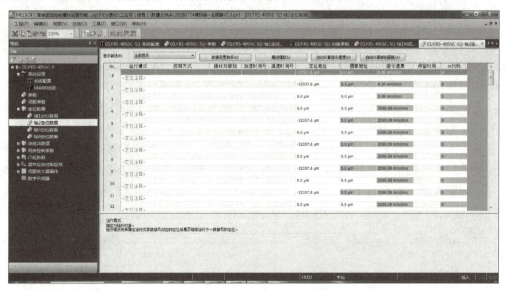

图 5-22 自动插补生成轴 2 参数

（9）双轴的运行轨迹显示

双轴的运行轨迹可以通过离线模拟进行显示，如图 5-23 所示。

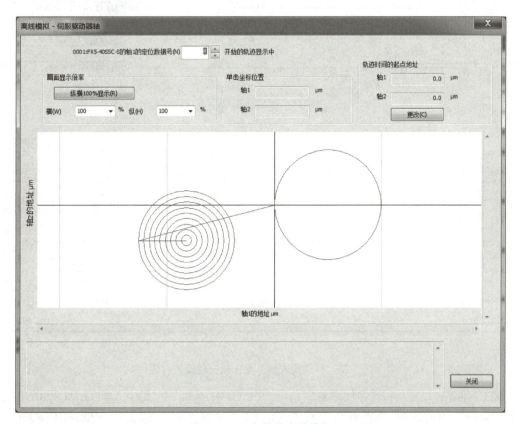

图 5-23 运行轨迹离线模拟

3 PLC 程序编写

在 PLC 程序编写过程中，要完成伺服信号的准备工作，完成点动测试、机械原点复位以及用状态编程法完成两组插补数据。

CPU 模块准备完成，全部轴伺服 ON 信号，如图 5-24 所示。

轴出错编号程序如图 5-25 所示。轴出错编号存入 D100，轴 1 的实际当前值存入 D200，轴 2 的实际当前值存入 D300，出错检测存入 D400。

外部输入信号操作软元件设置程序如图 5-26 所示。U1 \ G5928 为外部输入信号操作软元件设置。X14 为轴出错消除信号，SM50 为定位出错清除特殊寄存器，X12 为轴 1 下限限位信号，X13 为轴 1 近点狗 DOG 信号，X3 为轴 1 上限限位信号，X4 为轴 2 上限限位信号，X5 为轴 2 近点狗 DOG 信号，X6 为轴 2 下限限位信号。

图 5-24　轴伺服 ON 程序

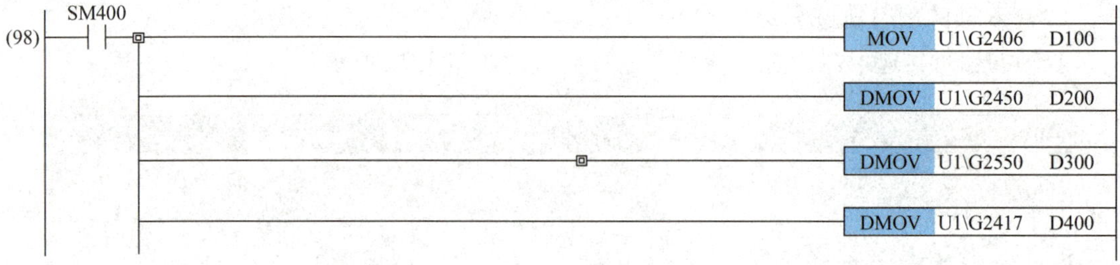

图 5-25　轴出错编号程序

图 5-26　外部输入信号操作软元件设置程序

轴 1、轴 2 正反转运行程序如图 5-27 所示。U1\G4318 为轴 1 的 JOG 速度，U1\G30101.0 为正转 JOG 启动，U1 \G30102.0 为反转 JOG 启动；U1 \G4418 为轴 2 的 JOG 速度，U1 \G30111.0

为轴 2 正转 JOG 启动，U1\G30112.0 为轴 2 反转 JOG 启动。

启动时，首先判断 D200 当前值和 D300 当前值在原点附近才能启动，如图 5-28 所示。

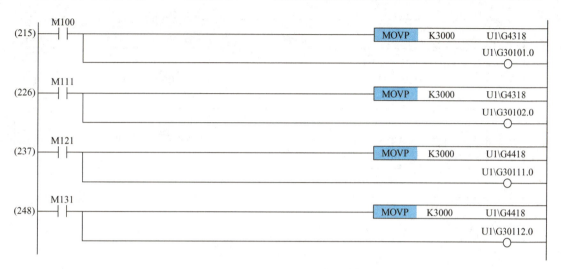

图 5-27　轴 1、轴 2 正反转运行程序

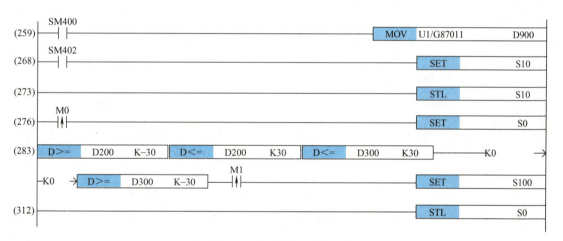

图 5-28　启动条件判断程序

启动原点复位程序如图 5-29 所示。U1\G4300 为轴 1 定位启动编号，把 K9001 输入 U1\G4300，即令轴 1 的机械原点复位（定位启动 No.9001），轴 1 完成机械原点的复位动作，U1\G30104.0 为轴 1 定位启动信号。U1\G4400 为轴 2 定位启动编号，把 K9001 输入 U1\G4400，即为轴 2 完成机械原点的复位动作。U1\G30114.0 为轴 2 定位启动信号。U1\G31501.0 和 U1\G31501.1 为轴 1、轴 2 完成标志。

机械原点复位完成后，延时 0.1s 进入下一个状态，即第 1 组定位数据目标，把 K1 输入 U1\G4300，使轴 1 完成第 1 组定位数据（定位启动轴 1 的 No.1 数据）动作。U1\G30104.0 为轴 1 定位启动信号。把 K1 输入 U1\G4400，即为轴 2 完成第 1 组定位数据（定位启动轴 2 的 No.1 数据）动作。U1\G31501.0 和 U1\G31501.1 为轴 1、轴 2 完成标志，如图 5-30 所示。

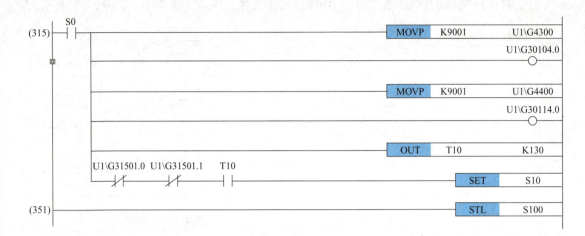

图 5-29　启动原点复位程序

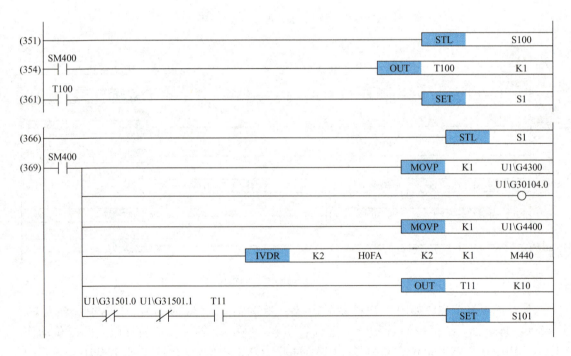

图 5-30　第 1 组定位数据程序

延时 0.1s 进入下一个状态，即为第 2 组定位数据目标。把 K2 输入 U1 \ G4300，使轴 1 完成第 2 组定位数据（定位启动轴 1 的 No.2 数据）动作，U1 \ G30104.0 为轴 1 定位启动信号。把 K2 输入 U1 \ G4400，即为轴 2 完成第 2 组定位数据（定位启动轴 2 的 No.2 数据）动作。如图 5-31 所示。

下载 PLC 程序时，必须勾选"简单运动控制模块设置"复选框，如图 5-32 所示。

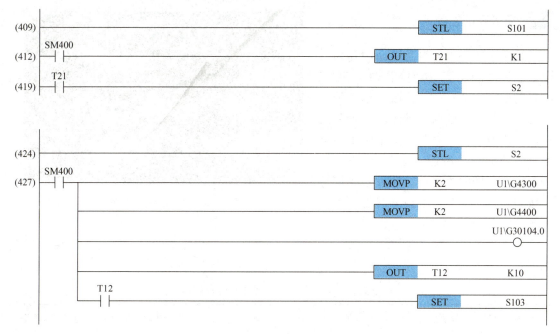

图 5-31　第 2 组定位数据程序

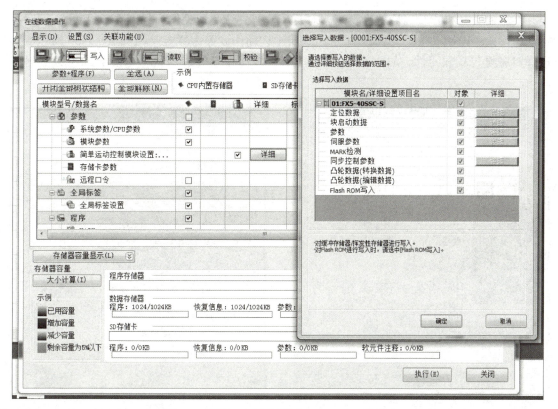

图 5-32　简单运动控制模块 PLC 程序下载设置

4 组态界面设计

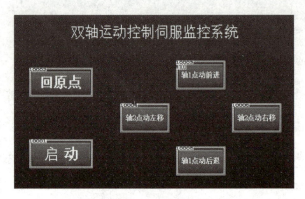

图 5-33　触摸屏组态界面设计

　　根据任务要求，组态界面中需包含以下控制功能：能分别控制轴1、轴2的点动运行，能让轴1、轴2自动返回到工作原点，能启动双轴运动控制系统按设定轨迹运行。为此设定了轴1点动前进、轴1点动后退、轴2点动左移、轴2点动右移四个按钮，还设定了回原点按钮和启动按钮。触摸屏组态界面设计图如图5-33所示。

　　根据触摸屏中的控制要求，各个控制按钮变量和PLC程序中的软元件变量连接对照表见表5-4。

表 5-4　触摸屏与 PLC 变量连接对照表

触摸屏变量	回原点	启动	轴 1 点动前进	轴 1 点动后退	轴 2 点动左移	轴 2 点动右移
PLC 变量	M0	M1	M100	M111	M121	M131

　　结合触摸屏和PLC对应的变量表，对每个按钮进行文本设置，如图5-34所示。同时进行动作设置：选择"位"元件，如图5-35所示，动作设置为"点动"，如图5-36所示，再选择对应的PLC软元件，如图5-37所示。所有按钮设置完成后，将组态界面下载到触摸屏中。

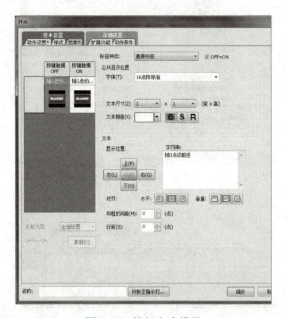

图 5-34　按钮文本设置

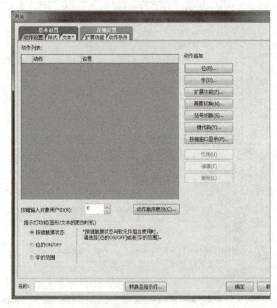

图 5-35　按钮动作设置（一）

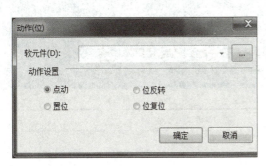

图 5-36　按钮动作设置（二）

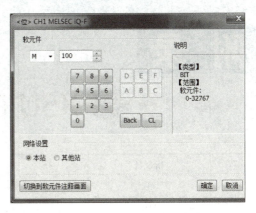

图 5-37　按钮软元件选择

任务完成后，按照表 5-5 进行打分。

表 5-5　评分表

评分表	＿＿＿学年	工作形式 □个人　□小组分工		工作时间：＿＿分钟	
任务	评价内容	评 分 要 求		学生自评	教师评分
双轴运动 控制伺服 监控	1. 系统安装接线（20分）	硬件安装：10分 电路连接：10分			
	2. FX5-40SSC-S 模块 参数设置（45分）	双电机轴选择与设置：15分 模块参数设置：30分			
	3. PLC 程序编写（35分）	PLC 程序编写：20分 PLC 程序下载：5分 PLC 程序运行调试：10分			

学生＿＿＿＿＿＿＿　教师＿＿＿＿＿＿＿＿　日期＿＿＿＿＿＿＿

1. 建立双轴运动控制伺服系统，完成简单运动控制模块的参数设置。

2. 参照本任务要求，完成双轴伺服系统的点动运行，并实现 PLC 程序的编写与调试。

3. 参照本任务要求，实现双轴伺服系统与变频器控制的底部圆盘的同步运行，实现 PLC 程序的编写与下载，并对双轴运行中的脉冲数进行监视与调试。

三菱FX5U PLC指令汇总

分类	指令名	指令功能
触点指令	LD	常开触点逻辑运算开始
	LDI	常闭触点逻辑运算开始
	AND	常开触点串联连接
	ANI	常闭触点串联连接
	OR	常开触点并联连接
	ORI	常闭触点并联连接
	LDP	上升沿脉冲运算开始
	LDF	下降沿脉冲运算开始
	ANDP	上升沿脉冲串联连接
	ANDF	下降沿脉冲串联连接
	ORP	上升沿脉冲并联连接
	ORF	下降沿脉冲并联连接
	LDPI	上升沿脉冲否定运算开始
	LDFI	下降沿脉冲否定运算开始
	ANDPI	上升沿脉冲否定串联连接
	ANDFI	下降沿脉冲否定串联连接
	ORPI	上升沿脉冲否定并联连接
	ORFI	下降沿脉冲否定并联连接
合并指令	ANB	逻辑块之间的串联连接
	ORB	逻辑块之间的并联连接
	MPS	存入堆栈
	MRD	读取堆栈
	MPP	读出堆栈
	INV	运算结果取反
	MEP	运算结果上升沿脉冲化
	MEF	运算结果下降沿脉冲化
输出指令	OUT	软元件的输出（定时器、计数器、报警器除外）
	OUT T/ST	低速定时器/低速累计定时器
	OUTH T/ ST	累计定时器

（续）

分类	指令名	指令功能
输出指令	OUTHS T/ST	高速定时器/高速累计定时器
	OUT C	计数器
	OUT LC	超长计数器
	OUT F	报警器
	SET	软元件的设置（报警器除外）
	RST	软元件的复位（报警器除外）
	SET F	报警器的设置
	RST F	报警器的复位
	ANS	报警器的设置（带判断时间）
	ANR（P）	报警器的复位（小号码复位）
	PLS	在输入信号的上升沿时产生程序 1 周期的脉冲
	PLF	在输入信号的下降沿时产生程序 1 周期的脉冲
	FF	位软元件输出取反
	ALT（P）	位软元件输出取反
移位指令	SFT（P）	软元件移位 1 位
	SFR（P）	16 位数据的 n 位右移
	SFL（P）	16 位数据的 n 位左移
	BSFR（P）	n 位数据的 1 位右移
	BSFL（P）	n 位数据的 1 位左移
	DSFR（P）	n 字数据的 1 字右移
	DSFL（P）	n 字数据的 1 字左移
	SFTR（P）	n 位数据的 n 位右移
	SFTL（P）	n 位数据的 n 位左移
	WSFR（P）	n 字数据的 n 字右移
	WSFL（P）	n 字数据的 n 字左移
主控指令	MC	主控开始
	MCR	主控解除
结束停止指令	FEND	主程序的结束
	END	顺控程序的结束
	STOP	输入条件成立后，停止顺控程序的运算。将 RUN/STOP/RESET 开关再次置为 RUN 后，执行顺控程序
比较运算指令	LD =	有符号 BIN16 位（s1）＝（s2）时导通
	LD < >	有符号 BIN16 位（s1）≠（s2）时导通
	LD >	有符号 BIN16 位（s1）>（s2）时导通
	LD < =	有符号 BIN16 位（s1）≤（s2）时导通
	LD <	有符号 BIN16 位（s1）<（s2）时导通

（续）

分类	指令名	指令功能
	LD > =	有符号 BIN16 位（s1）≥（s2）时导通
	AND =	有符号 BIN16 位（s1）=（s2）时导通
	AND < >	有符号 BIN16 位（s1）≠（s2）时导通
	AND >	有符号 BIN16 位（s1）>（s2）时导通
	AND < =	有符号 BIN16 位（s1）≤（s2）时导通
	AND <	有符号 BIN16 位（s1）<（s2）时导通
	AND > =	有符号 BIN16 位（s1）≥（s2）时导通
	OR =	有符号 BIN16 位（s1）=（s2）时导通
	OR < >	有符号 BIN16 位（s1）≠（s2）时导通
	OR >	有符号 BIN16 位（s1）>（s2）时导通
	OR < =	有符号 BIN16 位（s1）≤（s2）时导通
	OR <	有符号 BIN16 位（s1）<（s2）时导通
	OR > =	有符号 BIN16 位（s1）≥（s2）时导通
	LD = _U	无符号 BIN16 位（s1）=（s2）时导通
	LD < > _U	无符号 BIN16 位（s1）≠（s2）时导通
	LD > _U	无符号 BIN16 位（s1）>（s2）时导通
	LD < = _U	无符号 BIN16 位（s1）≤（s2）时导通
比较	LD < _U	无符号 BIN16 位（s1）<（s2）时导通
运算	LD > = _U	无符号 BIN16 位（s1）≥（s2）时导通
指令	AND = _U	无符号 BIN16 位（s1）=（s2）时导通
	AND < > _U	无符号 BIN16 位（s1）≠（s2）时导通
	AND > _U	无符号 BIN16 位（s1）>（s2）时导通
	AND < = _U	无符号 BIN16 位（s1）≤（s2）时导通
	AND < _U	无符号 BIN16 位（s1）<（s2）时导通
	AND > = _U	无符号 BIN16 位（s1）≥（s2）时导通
	OR = _U	无符号 BIN16 位（s1）=（s2）时导通
	OR < > _U	无符号 BIN16 位（s1）≠（s2）时导通
	OR > _U	无符号 BIN16 位（s1）>（s2）时导通
	OR < = _U	无符号 BIN16 位（s1）≤（s2）时导通
	OR < _U	无符号 BIN16 位（s1）<（s2）时导通
	OR > = _U	无符号 BIN16 位（s1）≥（s2）时导通
	LDD =	有符号 BIN32 位 ［（s1）+1,（s1）］=［（s2）+1,（s2）］时导通
	LDD < >	有符号 BIN32 位 ［（s1）+1,（s1）］≠［（s2）+1,（s2）］时导通
	LDD >	有符号 BIN32 位 ［（s1）+1,（s1）］>［（s2）+1,（s2）］时导通
	LDD < =	有符号 BIN32 位 ［（s1）+1,（s1）］≤［（s2）+1,（s2）］时导通
	LDD <	有符号 BIN32 位 ［（s1）+1,（s1）］<［（s2）+1,（s2）］时导通

（续）

分类	指令名	指令功能
	LDD > =	有符号 BIN32 位 [（s1）+1,（s1）] ≥ [（s2）+1,（s2）] 时导通
	ANDD =	有符号 BIN32 位 [（s1）+1,（s1）] = [（s2）+1,（s2）] 时导通
	ANDD < >	有符号 BIN32 位 [（s1）+1,（s1）] ≠ [（s2）+1,（s2）] 时导通
	ANDD >	有符号 BIN32 位 [（s1）+1,（s1）] > [（s2）+1,（s2）] 时导通
	ANDD < =	有符号 BIN32 位 [（s1）+1,（s1）] ≤ [（s2）+1,（s2）] 时导通
	ANDD <	有符号 BIN32 位 [（s1）+1,（s1）] < [（s2）+1,（s2）] 时导通
	ANDD > =	有符号 BIN32 位 [（s1）+1,（s1）] ≥ [（s2）+1,（s2）] 时导通
	ORD =	有符号 BIN32 位 [（s1）+1,（s1）] = [（s2）+1,（s2）] 时导通
	ORD < >	有符号 BIN32 位 [（s1）+1,（s1）] ≠ [（s2）+1,（s2）] 时导通
	ORD >	有符号 BIN32 位 [（s1）+1,（s1）] > [（s2）+1,（s2）] 时导通
	ORD < =	有符号 BIN32 位 [（s1）+1,（s1）] ≤ [（s2）+1,（s2）] 时导通
	ORD <	有符号 BIN32 位 [（s1）+1,（s1）] < [（s2）+1,（s2）] 时导通
	ORD > =	有符号 BIN32 位 [（s1）+1,（s1）] ≥ [（s2）+1,（s2）] 时导通
	LDD = _U	无符号 BIN32 位 [（s1）+1,（s1）] = [（s2）+1,（s2）] 时导通
	LDD < > _U	无符号 BIN32 位 [（s1）+1,（s1）] ≠ [（s2）+1,（s2）] 时导通
比较	LDD > _U	无符号 BIN32 位 [（s1）+1,（s1）] > [（s2）+1,（s2）] 时导通
运算	LDD < = _U	无符号 BIN32 位 [（s1）+1,（s1）] ≤ [（s2）+1,（s2）] 时导通
指令	LDD < _U	无符号 BIN32 位 [（s1）+1,（s1）] < [（s2）+1,（s2）] 时导通
	LDD > = _U	无符号 BIN32 位 [（s1）+1,（s1）] ≥ [（s2）+1,（s2）] 时导通
	ANDD = _U	无符号 BIN32 位 [（s1）+1,（s1）] = [（s2）+1,（s2）] 时导通
	ANDD < > _U	无符号 BIN32 位 [（s1）+1,（s1）] ≠ [（s2）+1,（s2）] 时导通
	ANDD > _U	无符号 BIN32 位 [（s1）+1,（s1）] > [（s2）+1,（s2）] 时导通
	ANDD < = _U	无符号 BIN32 位 [（s1）+1,（s1）] ≤ [（s2）+1,（s2）] 时导通
	ANDD < _U	无符号 BIN32 位 [（s1）+1,（s1）] < [（s2）+1,（s2）] 时导通
	ANDD > = _U	无符号 BIN32 位 [（s1）+1,（s1）] ≥ [（s2）+1,（s2）] 时导通
	ORD = _U	无符号 BIN32 位 [（s1）+1,（s1）] = [（s2）+1,（s2）] 时导通
	ORD < > _U	无符号 BIN32 位 [（s1）+1,（s1）] ≠ [（s2）+1,（s2）] 时导通
	ORD > _U	无符号 BIN32 位 [（s1）+1,（s1）] > [（s2）+1,（s2）] 时导通
	ORD < = _U	无符号 BIN32 位 [（s1）+1,（s1）] ≤ [（s2）+1,（s2）] 时导通
	ORD < _U	无符号 BIN32 位 [（s1）+1,（s1）] < [（s2）+1,（s2）] 时导通
	ORD > = _U	无符号 BIN32 位 [（s1）+1,（s1）] ≥ [（s2）+1,（s2）] 时导通
	CMP（P）	有符号 BIN16 位数据比较
	CMP（P）_U	无符号 BIN16 位数据比较
	DCMP（P）	有符号 BIN32 位数据比较
	DCMP（P）_U	无符号 BIN32 位数据比较
	ZCP（P）	有符号 BIN16 位数据带宽比较

（续）

分类	指令名	指 令 功 能
	ZCP（P）_U	无符号 BIN16 位数据带宽比较
	DZCP（P）	有符号 BIN32 位数据带宽比较
	DZCP（P）_U	无符号 BIN32 位数据带宽比较
	BKCMP ＝（P）	有符号 BIN16 位块数据比较（s1）＝（s2）
	BKCMP＜＞（P）	有符号 BIN16 位块数据比较（s1）≠（s2）
	BKCMP＞（P）	有符号 BIN16 位块数据比较（s1）＞（s2）
	BKCMP＜＝（P）	有符号 BIN16 位块数据比较（s1）≤（s2）
	BKCMP＜（P）	有符号 BIN16 位块数据比较（s1）＜（s2）
	BKCMP＞＝（P）	有符号 BIN16 位块数据比较（s1）≥（s2）
	BKCMP ＝（P）_U	无符号 BIN16 位块数据比较（s1）＝（s2）
	BKCMP＜＞（P）_U	无符号 BIN16 位块数据比较（s1）≠（s2）
	BKCMP＞（P）_U	无符号 BIN16 位块数据比较（s1）＞（s2）
比较	BKCMP＜＝（P）_U	无符号 BIN16 位块数据比较（s1）≤（s2）
运算	BKCMP＜（P）_U	无符号 BIN16 位块数据比较（s1）＜（s2）
指令	BKCMP＞＝（P）_U	无符号 BIN16 位块数据比较（s1）≥（s2）
	DBKCMP ＝（P）	有符号 BIN32 位块数据［（s1）＋1,（s1）］＝［（s2）＋1,（s2）］时导通
	DBKCMP＜＞（P）	有符号 BIN32 位块数据［（s1）＋1,（s1）］≠［（s2）＋1,（s2）］时导通
	DBKCMP＞（P）	有符号 BIN32 位块数据［（s1）＋1,（s1）］＞［（s2）＋1,（s2）］时导通
	DBKCMP＜＝（P）	有符号 BIN32 位块数据［（s1）＋1,（s1）］≤［（s2）＋1,（s2）］时导通
	DBKCMP＜（P）	有符号 BIN32 位块数据［（s1）＋1,（s1）］＜［（s2）＋1,（s2）］时导通
	DBKCMP＞＝（P）	有符号 BIN32 位块数据［（s1）＋1,（s1）］≥［（s2）＋1,（s2）］时导通
	DBKCMP ＝（P）_U	无符号 BIN32 位块数据［（s1）＋1,（s1）］＝［（s2）＋1,（s2）］时导通
	DBKCMP＜＞（P）_U	无符号 BIN32 位块数据［（s1）＋1,（s1）］≠［（s2）＋1,（s2）］时导通
	DBKCMP＞（P）_U	无符号 BIN32 位块数据［（s1）＋1,（s1）］＞［（s2）＋1,（s2）］时导通
	DBKCMP＜＝（P）_U	无符号 BIN32 位块数据［（s1）＋1,（s1）］≤［（s2）＋1,（s2）］时导通
	DBKCMP＜（P）_U	无符号 BIN32 位块数据［（s1）＋1,（s1）］＜［（s2）＋1,（s2）］时导通
	DBKCMP＞＝（P）_U	无符号 BIN32 位块数据［（s1）＋1,（s1）］≥［（s2）＋1,（s2）］时导通
	＋（P）	有符号 BIN16 位加法运算
	＋（P）_U	无符号 BIN16 位加法运算
	ADD（P）	有符号 BIN16 位加法运算
算术	ADD（P）_U	无符号 BIN16 位加法运算
运算	－（P）	有符号 BIN16 位加法运算
指令	－（P）_U	无符号 BIN16 位加法运算
	SUB（P）	有符号 BIN16 位加法运算
	SUB（P）_U	无符号 BIN16 位加法运算
	D＋（P）	有符号 BIN32 位加法运算

（续）

分类	指令名	指令功能
	D＋（P）_U	无符号BIN32位加法运算
	DADD（P）	有符号BIN32位加法运算
	DADD（P）_U	无符号BIN32位加法运算
	D－（P）	有符号BIN32位加法运算
	D－（P）_U	无符号BIN32位加法运算
	DSUB（P）	有符号BIN32位加法运算
	DSUB（P）_U	无符号BIN32位加法运算
	＊（P）	有符号BIN16位乘法运算
	＊（P）_U	无符号BIN16位乘法运算
	MUL（P）	有符号BIN16位乘法运算
	MUL（P）_U	无符号BIN16位乘法运算
	／（P）	有符号BIN16位除法运算
	／（P）_U	无符号BIN16位除法运算
	DIV（P）	有符号BIN16位除法运算
	DIV（P）_U	无符号BIN16位除法运算
	D＊（P）	有符号BIN32位乘法运算
	D＊（P）_U	无符号BIN32位乘法运算
算术	DMUL（P）	有符号BIN32位乘法运算
运算	DMUL（P）_U	无符号BIN32位乘法运算
指令	D／（P）	有符号BIN32位除法运算
	D／（P）_U	无符号BIN32位除法运算
	DDIV（P）	有符号BIN32位除法运算
	DDIV（P）_U	无符号BIN32位除法运算
	B＋	BCD4位加法运算
	B－（P）	BCD4位减法运算
	DB＋（P）	BCD8位加法运算
	DB－（P）	BCD8位减法运算
	B＊（P）	BCD4位乘法运算
	B／（P）	BCD4位除法运算
	DB＊（P）	BCD8位乘法运算
	DB／（P）	BCD8位除法运算
	BK＋（P）	有符号BIN16位块数据加法运算
	BK＋（P）_U	无符号BIN16位块数据加法运算
	BK－（P）	有符号BIN16位块数据减法运算
	BK－（P）_U	无符号BIN16位块数据减法运算
	DBK＋（P）	有符号BIN32位块数据加法运算

（续）

分类	指令名	指令功能
算术运算指令	DBK + (P) _U	无符号 BIN32 位块数据加法运算
	DBK - (P)	有符号 BIN32 位块数据减法运算
	DBK - (P) _U	无符号 BIN32 位块数据减法运算
	INC (P)	有符号 BIN16 位数据加 1
	INC (P) _U	无符号 BIN16 位数据加 1
	DEC (P)	有符号 BIN16 位数据减 1
	DEC (P) _U	无符号 BIN16 位数据减 1
	DINC (P)	有符号 BIN32 位数据加 1
	DINC (P) _U	无符号 BIN32 位数据加 1
	DDEC (P)	有符号 BIN32 位数据减 1
	DDEC (P) _U	无符号 BIN32 位数据减 1
逻辑运算指令	WAND (P)	BIN16 位数据逻辑积
	DAND (P)	BIN32 位数据逻辑积
	BKAND (P)	BIN16 位块数据逻辑积
	WOR (P)	BIN16 位数据逻辑和
	DOR (P)	BIN32 位数据逻辑和
	BKOR (P)	BIN16 位块数据逻辑和
	WXOR (P)	BIN16 位数据逻辑异或
	DXOR (P)	BIN32 位数据逻辑异或
	BKXOR (P)	BIN16 位块数据逻辑异或
	WXNR (P)	BIN16 位数据逻辑异或非
	DXNR (P)	BIN32 位数据逻辑异或非
	BKXNR (P)	BIN16 位块数据逻辑异或非
位处理指令	BSET (P)	字软元件的位设置
	BRST (P)	字软元件的位复位
	TEST (P)	BIN16 位测试
	DTEST (P)	BIN32 位测试
	BKRST (P)	位软元件的批量复位
	ZRST (P)	数据批量复位
数据转换指令	BCD (P)	BIN 数据→BCD4 位数转换
	DBCD (P)	BIN 数据→BCD8 位数转换
	BIN (P)	BCD4 位数→BIN 数据转换
	DBIN (P)	BCD8 位数→BIN 数据转换
	FLT2INT (P)	单精度实数→有符号 BIN16 位数据
	FLT2UINT (P)	单精度实数→无符号 BIN16 位数据
	FLT2DINT (P)	单精度实数→有符号 BIN32 位数据

（续）

分类	指令名	指令功能
数据转换指令	FLT2UDINT（P）	单精度实数→无符号 BIN32 位数据
	INT2UINT（P）	有符号 BIN16 位数据→无符号 BIN16 位数据转换
	INT2DINT（P）	有符号 BIN32 位数据→有符号 BIN32 位数据转换
	INT2UDINT（P）	有符号 BIN16 位数据→无符号 BIN32 位数据转换
	UINT2INT（P）	无符号 BIN16 位数据→有符号 BIN16 位数据转换
	UINT2DINT（P）	无符号 BIN16 位数据→有符号 BIN32 位数据转换
	UINT2UDINT（P）	无符号 BIN16 位数据→无符号 BIN32 位数据转换
	DINT2INT（P）	有符号 BIN32 位数据→有符号 BIN16 位数据转换
	DINT2UINT（P）	有符号 BIN32 位数据→无符号 BIN16 位数据转换
	DINT2UDINT（P）	有符号 BIN32 位数据→无符号 BIN32 位数据转换
	UDINT2INT（P）	无符号 BIN32 位数据→有符号 BIN16 位数据转换
	UDINT2UINT（P）	无符号 BIN32 位数据→无符号 BIN16 位数据转换
	UDINT2DINT（P）	无符号 BIN32 位数据→有符号 BIN32 位数据转换
	GRY（P）	有符号，BIN16 位数据→格雷码转换
	GRY（P）_U	无符号，BIN16 位数据→格雷码转换
	DGRY（P）	有符号，BIN32 位数据→格雷码转换
	DGRY（P）_U	无符号，BIN32 位数据→格雷码转换
	GBIN（P）	有符号，格雷码→BIN16 位数据转换
	GBIN（P）_U	无符号，格雷码→BIN16 位数据转换
	DGBIN（P）	有符号，格雷码→BIN32 位数据转换
	DGBIN（P）_U	无符号，格雷码→BIN32 位数据转换
	DABIN（P）	有符号，十进制 ASCII→BIN16 位数据转换
	DABIN（P）_U	无符号，十进制 ASCII→BIN16 位数据转换
	DDABIN（P）	有符号，十进制 ASCII→BIN32 位数据转换
	DDABIN（P）_U	无符号，十进制 ASCII→BIN32 位数据转换
	HEXA（P）	ASCII→HEX 转换
	VAL（P）	有符号，字符串→BIN16 位数据转换
	VAL（P）_U	无符号，字符串→BIN16 位数据转换
	DVAL（P）	有符号，字符串→BIN32 位数据转换
	DVAL（P）_U	无符号，字符串→BIN32 位数据转换
	NEG（P）	BIN16 位数据2 的补数（符号取反）
	DNEG（P）	BIN32 位数据2 的补数（符号取反）
	DECO（P）	8→256 位解码
	ENCO（P）	256→8 位编码
	SEGD（P）	7 段解码
	SEGL（P）	7SEG 码时分显示

（续）

分类	指令名	指 令 功 能
数据转换指令	DIS（P）	16 位数据的 4 位分离
	UNI（P）	16 位数据的 4 位合并
	NDIS（P）	任意数据的位分离
	NUNI（P）	任意数据的位合并
	WTOB（P）	字节单位数据分离
	BTOW（P）	字节单位数据合并
数字开关	DSW（P）	数字开关
数据传送指令	MOV（P）	16 位数据传送
	DMOV（P）	32 位数据传送
	CML（P）	16 位数据取反传送
	DCML（P）	32 位数据取反传送
	SMOV（P）	位移动
	CMLB（P）	1 位数据取反传送
	BMOV（P）	16 位块数据 16 位传送
	FMOV（P）	同一 16 位块数据传送
	DFMOV（P）	同一 32 位块数据传送
	XCH（P）	16 位数据交换
	DXCH（P）	32 位数据交换
	SWAP（P）	16 位数据上下字节交换
	DSWAP（P）	32 位数据上下字节交换
	MOVB（P）	1 位数据传送
	PRUN（P）	八进制位传送（16 位数据）
	DPRUN（P）	八进制位传送（32 位数据）
	BLKMOVB（P）	n 位数据传送
旋转指令	ROR（P）	不带进位标志 16 位数据的右旋
	RCR（P）	带进位标志 16 位数据的右旋
	DROR（P）	不带进位标志 32 位数据的右旋
	DRCR（P）	带进位标志 32 位数据的右旋
	ROL（P）	不带进位标志 16 位数据的左旋
	RCL（P）	带进位标志 16 位数据的左旋
	DROL（P）	不带进位标志 32 位数据的左旋
	DRCL（P）	带进位标志 32 位数据的左旋
跳转指令	CJ（P）	跳转指令
	GOEND	跳转至 END
中断指令	DI	中断禁止
	EI	中断允许

（续）

分类	指令名	指 令 功 能
中断 指令	IMASK	中断指针的禁止/允许
	SIMASK	指定中断指针的禁止/允许
	IRET	中断返回
	WDT（P）	看门狗定时器复位
结构化 指令	FOR	循环范围开始
	NEXT	循环范围结束
	BREAK（P）	循环强制结束
	CALL（P）	子程序调用
	RET	子程序返回
	SRET	子程序返回
	XCALL	执行条件成立时，子程序调用指令
数据表 操作 指令	SFRD（P）	数据表的先入数据读取
	POP（P）	数据表的后入数据读取
	SFWR（P）	数据表的数据写入
	FINS（P）	数据表的数据插入
	FDEL（P）	数据表的数据删除
数据读写 指令	S（P）. DEVLD	数据读取
	S（P）. DEVST	数据写入
扩展文件 寄存器 操作指令	ERREAD	扩展文件寄存器读取
	ERWRITE	扩展文件寄存器写入
	ERINIT	扩展文件寄存器批量初始化
字符串 处理 指令	LD $ =	（s1）字符串数据 =（s2）字符串数据时导通
	LD $ < >	（s1）字符串数据 ≠（s2）字符串数据时导通
	LD $ >	（s1）字符串数据 >（s2）字符串数据时导通
	LD $ < =	（s1）字符串数据 ≤（s2）字符串数据时导通
	LD $ <	（s1）字符串数据 <（s2）字符串数据时导通
	LD $ > =	（s1）字符串数据 ≥（s2）字符串数据时导通
	AND $ =	（s1）字符串数据 =（s2）字符串数据时导通
	AND $ < >	（s1）字符串数据 ≠（s2）字符串数据时导通
	AND $ >	（s1）字符串数据 >（s2）字符串数据时导通
	AND $ < =	（s1）字符串数据 ≤（s2）字符串数据时导通
	AND $ <	（s1）字符串数据 <（s2）字符串数据时导通
	AND $ > =	（s1）字符串数据 ≥（s2）字符串数据时导通
	OR $ =	（s1）字符串数据 =（s2）字符串数据时导通
	OR $ < >	（s1）字符串数据 ≠（s2）字符串数据时导通
	OR $ >	（s1）字符串数据 >（s2）字符串数据时导通

（续）

分类	指令名	指令功能
	OR $ < =	（s1）字符串数据≤（s2）字符串数据时导通
	OR $ <	（s1）字符串数据＜（s2）字符串数据时导通
	OR $ > =	（s1）字符串数据≥（s2）字符串数据时导通
	$ + （P）	字符串的合并
	$ MOV （P）	字符串传送
	BINDA （P）	有符号 BIN16 位数据→十进制 ASCII 转换
	BINDA （P）_U	无符号 BIN16 位数据→十进制 ASCII 转换
	DBINDA （P）	有符号 BIN32 位数据→十进制 ASCII 转换
	DBINDA （P）_U	无符号 BIN32 位数据→十进制 ASCII 转换
	ASCI （P）	HEX 代码数据→ASCII 转换
字符串	STR （P）	有符号 BIN16 位数据→字符串转换
处理	STR （P）_U	无符号 BIN16 位数据→字符串转换
指令	DSTR （P）	有符号 BIN32 位数据→字符串转换
	DSTR （P）_U	无符号 BIN32 位数据→字符串转换
	ESTR （P）	单精度实数→字符串转换
	DESTR （P）	单精度实数→字符串转换
	LEN （P）	字符串的长度检测
	RIGHT （P）	字符串的右侧开始提取
	LEFT （P）	字符串的左侧开始提取
	MIDR （P）	字符串中的任意提取
	MIDW （P）	字符串中的任意替换
	INSTR （P）	字符串查找
	STRINS （P）	字符串插入
	STRDEL （P）	字符串删除
	LDE =	单精度实数（s1）=（s2）时导通
	LDE < >	单精度实数（s1）≠（s2）时导通
	LDE >	单精度实数（s1）＞（s2）时导通
	LDE < =	单精度实数（s1）≤（s2）时导通
	LDE <	单精度实数（s1）＜（s2）时导通
实数	LDE > =	单精度实数（s1）≥（s2）时导通
指令	ANDE =	单精度实数（s1）=（s2）时导通
	ANDE < >	单精度实数（s1）≠（s2）时导通
	ANDE >	单精度实数（s1）＞（s2）时导通
	ANDE < =	单精度实数（s1）≤（s2）时导通
	ANDE <	单精度实数（s1）＜（s2）时导通
	ANDE > =	单精度实数（s1）≥（s2）时导通

（续）

分类	指令名	指 令 功 能
实数指令	ORE =	单精度实数（s1）＝（s2）时导通
	ORE < >	单精度实数（s1）≠（s2）时导通
	ORE >	单精度实数（s1）>（s2）时导通
	ORE < =	单精度实数（s1）≤（s2）时导通
	ORE <	单精度实数（s1）<（s2）时导通
	ORE > =	单精度实数（s1）≥（s2）时导通
	DECMP（P）	单精度实数比较
	DEZCP（P）	单精度实数区间比较
	E +（P）	单精度实数加法运算
	DEADD（P）	单精度实数加法运算
	E –（P）	单精度实数减法运算
	DESUB（P）	单精度实数减法运算
	E ∗（P）	单精度实数乘法运算
	DEMUL（P）	单精度实数乘法运算
	E／（P）	单精度实数除法运算
	DEDIV（P）	单精度实数除法运算
	INT2FLT（P）	有符号 BIN16 位数据→单精度实数转换
	UINT2FLT（P）	无符号 BIN16 位数据→单精度实数转换
	DINT2FLT（P）	有符号 BIN32 位数据→单精度实数转换
	UDINT2FLT（P）	无符号 BIN32 位数据→单精度实数转换
	EVAL（P）	字符串→单精度实数转换
	DEVAL（P）	字符串→单精度实数转换
	DEBCD（P）	二进制浮点数→十进制浮点数转换
	DEBIN（P）	十进制浮点数→二进制浮点数转换
	ENEG（P）	单精度实数符号取反
	DENEG（P）	单精度实数符号取反
	EMOV（P）	单精度实数数据传送
	DEMOV（P）	单精度实数数据传送
	SIN（P）	单精度实数 SIN 运算
	DSIN（P）	单精度实数 SIN 运算
	COS（P）	单精度实数 COS 运算
	DCOS（P）	单精度实数 COS 运算
	TAN（P）	单精度实数 TAN 运算
	DTAN（P）	单精度实数 TAN 运算
	ASIN（P）	单精度实数 ARCSIN 运算
	DASIN（P）	单精度实数 ARCSIN 运算

（续）

分类	指令名	指 令 功 能
实数 指令	ACOS（P）	单精度实数 ARCCOS 运算
	DACOS（P）	单精度实数 ARCCOS 运算
	ATAN（P）	单精度实数 ARCTAN 运算
	DATAN（P）	单精度实数 ARCTAN 运算
	RAD（P）	单精度实数角度→弧度转换
	DRAD（P）	单精度实数角度→弧度转换
	DEG（P）	单精度实数弧度→角度转换
	DDEG（P）	单精度实数弧度→角度转换
	DESQR（P）	单精度实数二次方根
	EXP（P）	单精度实数指数运算
	DEXP（P）	单精度实数指数运算
	LOG（P）	单精度实数自然对数运算
	DLOGE（P）	单精度实数自然对数运算
	POW（P）	单精度实数幂运算
	LOG10（P）	单精度实数常用对数运算
	DLOG10（P）	单精度实数常用对数运算
	EMAX（P）	单精度实数最大值搜索
	EMIN（P）	单精度实数最小值搜索
随机数 指令	RND（P）	随机数发生
变址寄存器 操作指令	ZPUSH（P）	变址寄存器的批量写入
	ZPOP（P）	变址寄存器的批量读取
数据 控制 指令	LIMIT（P）	有符号 BIN16 位数据上下限限位控制
	LIMIT（P）_U	无符号 BIN16 位数据上下限限位控制
	DLIMIT（P）	有符号 BIN32 位数据上下限限位控制
	DLIMIT（P）_U	无符号 BIN32 位数据上下限限位控制
	BAND（P）	有符号 BIN16 位数据死区控制
	BAND（P）_U	无符号 BIN16 位数据死区控制
	DBAND（P）	有符号 BIN32 位数据死区控制
	DBAND（P）_U	无符号 BIN32 位数据死区控制
	ZONE（P）	有符号 BIN16 位数据区域控制
	ZONE（P）_U	无符号 BIN16 位数据区域控制
	DZONE（P）	有符号 BIN32 位数据区域控制
	DZONE（P）_U	无符号 BIN32 位数据区域控制
	SCL（P）	有符号 BIN16 位单位标度（各点坐标数据）
	SCL（P）_U	无符号 BIN16 位单位标度（各点坐标数据）

（续）

分类	指令名	指令功能
数据控制指令	DSCL（P）	有符号 BIN32 位单位标度（各点坐标数据）
	DSCL（P）_U	无符号 BIN32 位单位标度（各点坐标数据）
	SCL2（P）	有符号 BIN16 位单位标度（各 X／Y 坐标数据）
	SCL2（P）_U	无符号 BIN16 位单位标度（各 X／Y 坐标数据）
	DSCL2（P）	有符号 BIN32 位单位标度（各 X／Y 坐标数据）
	DSCL2（P）_U	无符号 BIN32 位单位标度（各 X／Y 坐标数据）
特殊定时器指令	TTMR	示教定时器
	STMR	特殊功能定时器
	UDCNTF	带符号 32 位升值/降值计数器
	ROTC	旋转台的就近控制
	RAMPF	斜坡信号控制
脉冲控制指令	SPD	BIN16 位脉冲密度的测定
	DSPD	BIN32 位脉冲密度的测定
	PLSY	BIN16 位脉冲输出
	DPLSY	BIN32 位脉冲输出
	PWM	BIN16 位脉冲宽度调制
	DPWM	BIN32 位脉冲宽度调制
	MTR	矩阵输入
	IST	初始化状态
凸轮控制指令	ABSD	BIN16 位数据绝对方式
	DABSD	BIN32 位数据绝对方式
	INCD	相对方式
数据处理指令	CCD（P）	校验码
	SERMM（P）	从 BIN16 位数据的表中搜索相同数据及最大值、最小值
	DSERMM（P）	从 BIN32 位数据的表中搜索相同数据及最大值、最小值
	SUM（P）	16 位数据位检查
	DSUM（P）	32 位数据位检查
	BON（P）	16 位数据的位判定
	DBON（P）	32 位数据的位判定
	MAX（P）	有符号 16 位数据最大值搜索
	MAX（P）_U	无符号 16 位数据最大值搜索
	DMAX（P）	有符号 32 位数据最大值搜索
	DMAX（P）_U	无符号 32 位数据最大值搜索
	MIN（P）	有符号 16 位数据最小值搜索
	MIN（P）_U	无符号 16 位数据最小值搜索
	DMIN（P）	有符号 32 位数据最小值搜索

（续）

分类	指令名	指 令 功 能
数据处理指令	DMIN（P）_U	无符号 32 位数据最小值搜索
	SORTTBL	有符号 16 位数据排序
	SORTTBL_U	无符号 16 位数据排序
	SORTTBL2	有符号 16 位数据排序 2
	SORTTBL2_U	无符号 16 位数据排序 2
	DSORTTBL2	有符号 32 位数据排序 2
	DSORTTBL2_U	无符号 32 位数据排序 2
	WSUM（P）	有符号 16 位数据合计值计算
	WSUM（P）_U	无符号 16 位数据合计值计算
	DWSUM（P）	有符号 32 位数据合计值计算
	DWSUM（P）_U	无符号 32 位数据合计值计算
	MEAN（P）	有符号 16 位数据平均值计算
	MEAN（P）_U	无符号 16 位数据平均值计算
	DMEAN（P）	有符号 32 位数据平均值计算
	DMEAN（P）_U	无符号 32 位数据平均值计算
	SQRT（P）	16 位二次方根
	DSQRT（P）	32 位二次方根
	CRC（P）	算出 CRC
	ADRSET（P）	间接地址读取
时钟控制指令	TRD（P）	时钟数据的读取
	TWR（P）	时钟数据的写入
	TADD（P）	时钟数据的加法运算
	TSUB（P）	时钟数据的减法运算
	HTOS（P）	时间数据的 16 位数据转换（时分秒→秒）
	DHTOS（P）	时间数据的 32 位数据转换（时分秒→秒）
	STOH（P）	时间数据的 16 位数据转换（秒→时分秒）
	DSTOH（P）	时间数据的 32 位数据转换（秒→时分秒）
	LDDT =	日期数据（s1）＝（s2）时导通
	LDDT < >	日期数据（s1）≠（s2）时导通
	LDDT >	日期数据（s1）＞（s2）时导通
	LDDT < =	日期数据（s1）≤（s2）时导通
	LDDT <	日期数据（s1）＜（s2）时导通
	LDDT > =	日期数据（s1）≥（s2）时导通
	ANDDT =	日期数据（s1）＝（s2）时导通
	ANDDT < >	日期数据（s1）≠（s2）时导通
	ANDDT >	日期数据（s1）＞（s2）时导通

（续）

分类	指令名	指令功能
时钟控制指令	ANDDT < =	日期数据（s1）≤（s2）时导通
	ANDDT <	日期数据（s1）<（s2）时导通
	ANDDT > =	日期数据（s1）≥（s2）时导通
	ORDT =	日期数据（s1）=（s2）时导通
	ORDT < >	日期数据（s1）≠（s2）时导通
	ORDT >	日期数据（s1）>（s2）时导通
	ORDT < =	日期数据（s1）≤（s2）时导通
	ORDT <	日期数据（s1）<（s2）时导通
	ORDT > =	日期数据（s1）≥（s2）时导通
	LDTM =	时间数据（s1）=（s2）时导通
	LDTM < >	时间数据（s1）≠（s2）时导通
	LDTM >	时间数据（s1）>（s2）时导通
	LDTM < =	时间数据（s1）≤（s2）时导通
	LDTM <	时间数据（s1）<（s2）时导通
	LDTM > =	时间数据（s1）≥（s2）时导通
	ANDTM =	时间数据（s1）=（s2）时导通
	ANDTM < >	时间数据（s1）≠（s2）时导通
	ANDTM >	时间数据（s1）>（s2）时导通
	ANDTM < =	时间数据（s1）≤（s2）时导通
	ANDTM <	时间数据（s1）<（s2）时导通
	ANDTM > =	时间数据（s1）≥（s2）时导通
	ORTM =	时间数据（s1）=（s2）时导通
	ORTM < >	时间数据（s1）≠（s2）时导通
	ORTM >	时间数据（s1）>（s2）时导通
	ORTM < =	时间数据（s1）≤（s2）时导通
	ORTM <	时间数据（s1）<（s2）时导通
	ORTM > =	时间数据（s1）≥（s2）时导通
	TCMP（P）	时钟数据比较
	TZCP（P）	时钟数据区间比较
时机计测指令	DUTY	时机脉冲发生
	HOURM	16位小时计
	DHOURM	32位小时计
模块访问指令	REF（P）	I/O刷新
	RFS（P）	I/O刷新
	FROM（P）	从其他模块中的单字数据读取

（续）

分类	指令名	指 令 功 能
模块访问指令	DFROM（P）	从其他模块中的双字数据读取
	TO（P）	从其他模块中的单字数据写入
	DTO（P）	从其他模块中的双字数据写入
	FROMD（P）	从其他模块中的单字数据读取
	DFROMD（P）	从其他模块中的双字数据读取
	TOD（P）	从其他模块中的单字数据写入
	DTOD（P）	从其他模块中的双字数据写入
记录用指令	LOGTRG	触发记录设置
	LOGTRGR	触发记录复位
	RTM	实时监视功能指令
步进指令	STL	步进梯形图开始
	RETSTL	步进梯形图结束
内置以太网功能指令	SP．SOCOPEN	以太网打开
	SP．SOCCLOSE	以太网关闭
	SP．SOCRCV	以太网数据接收
	SP．SOCSND	以太网数据发送
	SP．SOCCINF	读取连接信息
	SP．SOCRDATA	读取 Socket 通信接收数据区域的数据
	SP．ECPRTCL	执行工程工具中登录的通信协议
	SP．SLMPSND	SLMP 帧发送
	PID	PID 运算
链接专用指令	GP．READ	从其他站可编程控制器的软元件中读取数据
	GP．SREAD	其他站可编程控制器的数据读取（有读取通知）
	GP．WRITE	将数据写入其他站可编程控制器的软元件
	GP．SWRITE	将数据写入其他站可编程控制器的软元件（有写入通知）
	GP．SEND	对其他站可编程控制器发送数据
	GP．RECV	从其他站可编程控制器接收数据
CC-LINK网络指令	G（P）．CCPASET	对 FX5-CCLIEF 设置参数
	G（P）．UINI	对未设置站号的智能设备站（本站）设置站号
高速计数器指令	DHSCS	高速计数器 32 位数据比较设置
	DHSCR	高速计数器 32 位数据比较复位
	DHSZ	高速计数器 32 位数据区间比较
	HIOEN（P）	16 位数据高速输入输出功能
	DHIOEN（P）	32 位数据高速输入输出功能
	HCMOV（P）	16 位数据高速当前值传送
	DHCMOV（P）	32 位数据高速当前值传送
	RS2	串行数据传送2

（续）

分类	指令名	指 令 功 能
变频器 通信 指令	IVCK	变频器运行状态的读取
	IVDR	变频器运行状态的写入
	IVRD	变频器参数的读取
	IVWR	变频器参数的写入
	IVBWR	变频器参数的成批写入
	IVMC	变频器的多个指令写入与读取
	ADPRW	MODBUS 通信方式从站读取/写入数据指令
	S（P）. CPRTCL	执行工程工具中登录的通信协议
定位 指令	DSZR	16 位数据机械式原点复位
	DDSZR	32 位数据机械式原点复位
	DVIT	16 位数据中断定位
	DDVIT	32 位数据中断定位
	TBL	通过一表格运行进行定位
	DRVTBL	通过多表格运行进行定位
	DRVMUL	多轴同时驱动定位
	DABS	读取 32 位数据 ABS 当前值
	PLSV	16 位数据带旋转方向输出的变速脉冲输出
	DPLSV	32 位数据带旋转方向输出的变速脉冲输出
	DRVI	16 位数据相对定位
	DDRVI	32 位数据相对定位
	DRVA	16 位数据绝对定位
	DDRVA	32 位数据绝对定位
定位 模块	G. ABRST	绝对位置恢复
	GP. PSTRT	定位启动
	GP. TEACH	示教
	GP. PFWRT	闪存写入
	GP. PINIT	模块初始化
BFM 读取 写入指令	RBFM	读取 BFM 分割
	WBFM	写入 BFM 分割

注：（P）为脉冲执行型，无（P）为连续执行型。

参 考 文 献

［1］王一凡．工控系统安装与调试［M］．北京：中国铁道出版社，2015.

［2］曹菁．三菱 PLC、触摸屏和变频器应用技术项目教程［M］．2 版．北京：机械工业出版社，2018.

［3］牟应华，陈玉平．三菱 PLC 项目式教程［M］．北京：机械工业出版社，2017.

［4］张文明，华祖银．嵌入式组态控制技术［M］．2 版．北京：中国铁道出版社，2015.

［5］张文明，蒋正炎．可编程控制器及网络控制技术［M］.2 版．北京：中国铁道出版社，2015.